教育部哲学社会科学研究普及读物项目
*Popularized Readers of Humanities and Social Science Sponsored by the Ministry of Education*

# 我们的家园：
# 环境美学谈

*Our Home: Perspectives on Environmental Aesthetics*

陈望衡·著

江苏人民出版社
江苏凤凰美术出版社

图书在版编目(CIP)数据

我们的家园:环境美学谈 / 陈望衡著.—南京:
江苏人民出版社,2014.6
(教育部哲学社会科学研究普及读物)
ISBN 978 - 7 - 214 - 12946 - 8

Ⅰ.①我… Ⅱ.①陈… Ⅲ.①环境科学−美学−普及
读物 Ⅳ.①X1−05

中国版本图书馆 CIP 数据核字(2014)第 129301 号

| | | |
|---|---|---|
| 书 名 | 我们的家园:环境美学谈 | |
| 著 者 | 陈望衡 | |
| 责任编辑 | 孙 立 | |
| 出版发行 | 凤凰出版传媒股份有限公司 | |
| | 江苏人民出版社 | |
| | 江苏凤凰美术出版社 | |
| 出版社地址 | 南京市湖南路 1 号 A 楼,邮编:210009 | |
| 出版社网址 | http://www.jspph.com | |
| | http://jspph.taobao.com | |
| 经 销 | 凤凰出版传媒股份有限公司 | |
| 照 排 | 江苏凤凰制版有限公司 | |
| 印 刷 | 江苏凤凰新华印务有限公司 | |
| 开 本 | 890 毫米×1 240 毫米 1/32 | |
| 印 张 | 7.25 插页 1 | |
| 字 数 | 145 千字 | |
| 版 次 | 2014 年 11 月第 1 版 2016 年 4 月第 2 次印刷 | |
| 标准书号 | ISBN 978 - 7 - 214 - 12946 - 8 | |
| 定 价 | 26.00 元 | |

(江苏人民出版社图书凡印装错误可向承印厂调换)

# 总　序

　　纵观党的历史，我党始终高度重视实践基础上的理论创新，坚持用理论创新成果武装全党，教育人民，引领前进方向，凝聚奋斗力量。七十多年前，著名的马克思主义哲学家艾思奇撰写的通俗著作《大众哲学》，引领一代又一代有志之士选择了正确的人生道路，影响了中国几代读者。

　　党的十八大以来，习近平总书记把握时代发展新要求，顺应人民群众新期待，提出了一系列新思想、新观点、新论断、新要求，这些推进理论创新的最新成果用朴实、生动的语言，以讲故事、举事例、摆事实的方式与人民同频共振、凝聚共识，增强了人民群众对中国特色社会主义理论体系的认同感和知晓度，凸显了当代中国马克思主义大众化、群众性的基本特征，成为新时期理论创新大众化的新典范。

　　高等学校学科齐全、人才密集、研究实力雄厚，是推进马克思主义中国化时代化大众化、普及传播党的理论创新成果的重要阵地。汇聚高校智慧，发挥高校优势，大力开展优秀成果普及推广，切实增强哲学社会科学话语权，是高校繁荣发展哲学社会科学的光荣任务、重大使命。

　　2012年，教育部启动实施了哲学社会科学研究普及读物项目。通过组织动员高校一流学者开展哲学社会科学优秀成果普及转化，撰写一批观点正确、品质高端、通俗易懂的科学理论和人文社科知识普及读物，积极推进马克思主义大众化，阐释宣传党的路线方针政策，推广普及哲学社会科学最新理论创新成果，让中国特色社会主义理论体系和党的路线方针政策，更好地为广大群众掌握和实践，转化为推进改革开放和现代化建设的强大精神力量。与一般意义的学术研究和科普类读物相比，教育部设立的普及读物更侧重对党最新理论的宣传阐释，更强调学术创新成果的转化普及，更凸显"大师写小书"的理念，努力产出一批弘扬中国道路、中国精神、中国力量的精品力作。

实现中华民族伟大复兴的中国梦必将伴随着哲学社会科学的繁荣兴盛。我们将以高度的使命感和责任感，坚持学术追求与社会责任相统一，坚持正确方向，紧跟时代步伐，顺应实践要求，不断加快高校哲学社会科学创新体系建设，为不断增强中国特色社会主义道路自信、理论自信、制度自信，推动社会主义文化大发展大繁荣作出更大贡献！

教育部社会科学司

2014 年 4 月 10 日

# 目 录

# 绪论:环境美学的兴起

　　环境的问题从来没有像今天这样为人们所关注,显然,这是因为我们生存的环境遇到前所未有的麻烦。问题的产生可以追溯到工业社会,工业革命无疑为人类的进步、发展开辟了极为光辉灿烂的前景,事实上,近代的工业社会也为人类创造了前所未有的巨大的幸福。但正如中国古代哲学家老子所言:"祸兮福之所倚,福兮祸之所伏。"①工业社会的巨大进步又为人类埋下了祸根。自诩为"万物灵长"的人类从来不知道对自然的征战应有所节制,虽然这也创造了巨大的财富,却让人与环境建立在生命共存共荣基础上的"生物圈"出现了可怕的断裂。自然环境的严重破坏,给人类带来的是无穷无尽的灾难。事实上,从远古开始,人类对自然的每一掠夺,自然都给了我们以报复,而在近半个世纪,这种报复越来越频繁,越来越强烈,越来越让人们难以对付。英国著名历史学家汤因比说:"如果人类仍不一致采取有力行动,紧急制止贪婪短视的行为对生物圈造成的污染和掠夺,就会在不远的将来造成这种自杀性的后果。"②

　　应该说,主要的还不是学科发展的需要,而是现实的需

---

① 《老子·第五十八章》。
② [英]阿诺德·汤因比:《人类与地球母亲》,上海人民出版社 1992 年版,第 10 页。

要，环境的问题几乎摆到各种不同门类学科学者的案头。从上个世纪开始，有关环境的研究呈蓬勃发展之势，自然科学方面，环境化学、环境物理学、生态学，人文社会科学方面，环境哲学、环境伦理学、环境艺术、环境设计都出现了。在诸多关于环境的科学研究中，环境美学可以说是出现的比较晚的。大约从上个世纪 60 年代开始，有关环境的美学研究在美国和欧洲迅速展开。环境美学当然首先是哲学问题，但是这一问题几乎涉及生活的所有领域，从事这一研究的也不只是哲学家、美学家，许多原来从事其他学科研究或实践的学者包括画家、作曲家、剧作家、摄影师和电影导演等也加入这个队伍。80 年代以来，阿诺德·伯林特（Arnold Berleant）、艾伦·卡尔松（Allen Carlson）、约·瑟帕玛（YrjÖ Sepänmaa）、斯坦福·博拉萨（Steven C. Bourassa）、史丹菲·罗斯（Stephanie Ross）、罗纳·赫波尼（Ronald Hepburn）、J·珀特斯（J. Douglas Porteous）、玛拉·米勒（Mara Miller）和保林·堡斯多夫（Paulilne von Bousdorff）等相继出版专著，对环境美学相关主题做出论述。在国际学术会议以及美学和艺术研究刊物上，也常见相关环境美学的讨论。

**一、从自然美学到环境美学**

在历史久远的东西方文化中，人们在自然之中寻找到了美。中国有着悠久的自然审美史，凝结着独特的东方智慧；同样在 2400 多年前，亚里士多德发现了自然的美和规律；古希腊和古罗马的哲学家和诗人们对自然的看法都融入了一定的美学意识。文艺复兴时期,人们有着彼得拉特式的为了眺望远景而去登山的热情。长久以来,自然都是美学欣赏的源头和灵感。但是,从美学史的角度来看,自然美是从来不占有主流地位的。美学作为一门独立学科在18世纪建立之后的很长一段时间内,众多哲学家、美学家的美学巨著中几乎都没有自然美的一席之地。在西方美学史中,对自然美的论述和推崇都建立在人与自然对立的基础之上,充满了主观与客观、审美与实践的矛盾和冲突,也经常在自然的科学客观化和自然的艺术主观化两个倾向中摇摆不定。

18世纪早期,英国经验主义思想家约瑟夫·艾迪生(Joseph Addison)和弗朗西斯·哈奇生(Francis Hutcheson)提出,与艺术相比,自然更适合成为审美体验的理想对象,而在这个审美欣赏中,无利害性是核心所在。无利害性的提出为自然审美的"崇高"建立了根基。崇高性和无利害性的理论在康德的《判断力批判》里得到了认同并且达到形式上的完善。"崇高"在当时的美学讨论中占据了中心地位,它以自然世界为例证,无边的沙漠、连绵的山脉和广阔的水面这样的宏伟、辽阔和壮丽,被认为是审美愉悦的源泉之一,它打破了自然和艺术的平衡而显示出自然的卓异不凡。然而到了黑格尔那里,美学被明确地定位为艺术哲学;自然美是远远低于艺术美的,它被驱逐出美学的中心领域。19世纪的谢林(F·W·Schelling)和20世纪的桑塔耶那(George Santayana)、杜威(John Dewey)都在某种程度上探讨了自然美学,但他们的主要兴趣都还是放在作为主流的艺术上。1966年,罗纳德·W·赫伯恩(Ronald W. Hepburn)发表

《当代美学和对自然美的忽视》一文，指出：将美学本质上简化为艺术哲学之后，分析美学实质上就忽略了自然世界。

自工业革命之后，随着各国工业化进程的加速发展，人工改造自然的规模日益增大，人们赖以生存和生活的环境质量急遽下降，处于经济狂热中的人们开始冷静下来审视环境问题，并且把日趋深沉的家园感寄托于对大自然的审美之中。

从 18 世纪浪漫主义开始，卢梭提出"回归自然"，诗人们和画家们都乐于描绘和赞美自然的各种景象，推崇自然的激情，原生自然得以赋予新的意义。到了 19 世纪，对自然的一个全新的看法应运而生。以梭罗（Henry David Thoreau）的作品为范例，他的《瓦尔登湖》反映出尊崇原始自然和返朴归真的思想倾向。19 世纪中期，这种看法在美国地理学家马什（George Perkins Marsh）作品中得以强化，他认为人类是自然美的毁灭之源。19 世纪末，美国人缪尔（John Muir）将这一看法推向极致。缪尔认为整个自然界特别是原生自然在美学意义上都是美的，仅当它受到人类侵扰才变得丑陋不堪。更极端的看法则是认为自然中不可能存在丑。这些观点可称为肯定美学。肯定美学强烈影响着当时的北美荒地保护运动，并且与同时代的环境保护论相联系。同时，随着保护自然的理念的增长，参与对自然的关注和保护的学者越来越多，主要来自人文和科学领域。

在美国著名的画家、博物学家奥杜邦（John James Audubon）绘制出版的《美洲鸟类》（1838 年）和《美洲的四足动物》（1840 年）中，就已经流露出保护自然、保护野生动物、尊重生命的思想。马什首次公开提出了保护自然的概念,在他的《人与自然》一书中,他指出了自然本身的协调性和复杂性,以及人类破坏自然的弊害,强调了人与自然应相互结合;自然不仅具有如伐木等功利性的经济价值,也具有景观和审美价值。

自然在美学研究对象中的凸现,具有美学革命的性质。从来的美学都是以艺术为主要研究对象,美学与艺术学、诗学几乎到了概念互换的程度,自然美学在美学领域中的异军突起,不仅意味着现实生活中人们的审美对象的扩大,更重要的反映美学学科性质的本质性的变化,美学再也不能称之为艺术学,也不能称之为诗学,美学理所当然地涵盖艺术学、诗学中涉及审美的部分,但它不能归之于艺术学、诗学,也不能归之于艺术哲学、艺术美学。原因很简单,环境,特别是其中的自然环境成为了美学研究的重要对象。

虽然自然美学并不能称之为环境美学,但是,它是环境美学的前奏。道理很简单,人们谈到环境,首先想到是自然,事实上,当人类在这个世界上唱主角,这地球上的自然界以及人的能力所能达到的地球外的自然界就以不同的意义与在不同的程度上"人化"了。说明白点,自然成为了环境。

## 二、从景观学到环境美学

环境美学通常也被人看作景观学。景观是一个美学概念,因此,通常也将景观学看作是美学的分支学科,称之为景观美学。

18世纪的英国园林学家,用"如画性"来表述景观的美。

"如画性"这一概念，首先在英国流行，后来扩展到整个欧洲，成为风景审美的一个相当时髦的概念。阿诺德·伯林特在《生活在景观中》一书中介始过"如画性"，他认为，这种如画性，主要是一种设计理论，代表人物是威廉·吉尔平（Willian Gipin）、理查德·培恩·赖特（Richard Pane Knight）和尤维达尔·普赖斯（Uvedale Price），他们都具有相近的观点："赞同摈弃设计的规律性和系统性秩序而倾向于不规则、变化、野性、改变和颓废风格"，并说"'如画性'是对18世纪美学那绅士派头的沉思的观察风格的典型写照。"①说到底，如画性，也还是自然美学中的观赏方式，它不仅摈弃事物的利害关系，而且只是强调视觉性，显然跟现在的环境美学不同。

丹麦一处城堡，美丽如画

---

① ［美］阿诺德·伯林特著，陈盼译：《生活在景观中——走向一种环境美学》，湖南科学技术出版社2006年版，第21页。

现在的景观学主要用在绘画理论与环境艺术中,它明显地侧重于艺术理念,更亲近于艺术设计,是一种具有工具性的、形而下层面的艺术学科。

环境美学则首先是一种哲学,或者说是环境哲学的直接派生物。环境哲学思考的是人与自然、主体与客体、生态与文化的基本关系问题,寻求这些对立因素的和谐,环境哲学有关这些问题的思考成为环境美学的基础。

关于景观学与环境美学的关系,有三个问题是不能不做一点辨析的:

一是哲学与美学的分别:哲学是人们对宇宙人生最基本的看法,好像自来水系统,它是总开关,哲学的本质是理性的,形而上的。哲学可以分类,最粗的分类是认识论、伦理学和美学,分别联系着人类的三大价值:真、善和美。由于三大价值自身的性质,它们形而上的层度是有区别的,真,涉及客观世界存在与运行的规律,是最抽象的,形而上的层度最高。善,联系着人类社会基本价值取向,它同样是理性的,但因为毕竟涉及到人,涉及到社会,尽管这人这社会还不是具体的,其形而上的层度就不及认识论。情感的因素(总体上属于感性)在其中有一定的地位,影响着对善的看法。美,既联系着客观世界存在与运行的基本规律——真,也联系着人类社会基本的价值取向——善,从某种意义上说,它甚至以真善为基础,因此,它兼具真善的品质,但是,美还联系着人感性的体验包括感知的体验、情感的体验和想象的体验,这种体验既有社会的共同性,又有个人的特殊性,因此,其形而上的层度不仅不及真,也不及善。尽管如此,研究人类审美的学问——美学，作为哲学的分支学科，仍然具有相当的形而上的品格。

二是环境美学与环境审美的区别。审美是人的一种活动，它的突出特点是感性，体验性，但美学作为一种理论系统却不能不是形而上的，理性的。

三是环境美学与景观学的区别。环境美学是美学的分支学科，主要研究的是人对环境的审美活动，它的理论体系当然从根本上说来自人对环境的真切感受，但它的抽象层度较高。作为美学的一分支，它在相当程度上受制于位于它上层的哲学体系，往往是哲学观的派生或衍生系统，也就是说，不是从下而上，而是从上而下。景观学的理论体系虽然也受制于位于它上层的种种学说体系包括美学的、哲学的体系，但相对来说，这种受制远弱于环境美学。景观学更多地来自现实中环境设计的经验，是这种经验的理论提升的结晶，也就是说，它更多地是从下而上，而不是从上而下。

概括地说，景观学与环境美学主要有三点差异，一是源头有异，景观学更多地源于绘画、园林、城市规划；而环境美学则更多地源于环境哲学。第二，品格有异，景观学更多地趋向于形而下，引向艺术实践、生产实践；而环境美学则更多地趋向形而上，引向有关环境的美学思考。三是适用的范围有异，景观学只是应用于主人（具体的某人或某些人）需着力美化的生活空间；而环境美学则着眼于人类整个的生存空间。瑟帕玛说美学有三个研究传统：美的哲学、艺术哲学、批评哲学。景观美学较多地归属于艺术哲学，而环境美学则较多地归属于美的哲学。它们都有批评的哲学，也许景观美学的批评，更注重景观个体，而环境美学的批评也许更注重整个环境。

尽管环境美学与景观学有以上所说的三点差异，但是，它们也有三个很重要的共同性：一是它们关注的都是环境，既涉及自然，又涉及人文，是自然与人文相交融的人的生活空间；二是它们都具有提升人类生活空间审美品格的使命，都是环境的美化学；三是它们都重视对生活的感性体验，只有感知的世界，才是审美的世界，由于世界本就是感性的，因此，回到生活本身，也就是回到审美本身。鲍姆嘉通将审美定义为感性学，不是神秘了审美，而是平易化了审美，不是禁锢了审美，而是解放了审美。这种解放，如果说在艺术欣赏中表现得不是很充分，那么可以说，在环境中那是充分不过的了。人类环境，说到底，是一个全面的感知系统。环境好不好，美不美，只要将全部感官打开，放眼展视，竖耳谛听，深呼吸几口，挥挥裸露的手臂，就知道了。芬兰的环境美学专家约·瑟帕玛说，审美的表达有三种方式：描述的、阐释的、评价的，基础的是描述，阐释、评价都在描述之中，在环境美学中，描述是基本的表达方式，也是最为重要的表达方式①。

---

① 强调环境美学研究和表达方式是描述，似是西方环境美学界的共识。除了约瑟帕玛这样说以外，阿诺德·伯林特也持这种说法，他说有多种研究美学的方式，其中，"实质美学"（Substantive Aesthetics）发展历史最为悠久，它主要在哲学的框架下，对艺术的特征、体验、意义作正面肯定性的分析；另一种是"超美学"（meta-aesthetics），则尽量搁置大的问题，对艺术作精细的分析。再一种为"描述美学"（descriptive aesthetics），它主要表现为对审美体验的记录。这种描述散见于各种文体，如小说、诗歌、散文、游记等。见阿诺德·伯林特《环境美学》第三章，湖南科学技术出版社 2006 年版，第 26 页。

景观学也是非常强调对生活的感性体验的,一个区域景观设计得好不好,同样,不需去查什么文献标准,据什么设计经典,只要在景区走上一个来回就尽知了。

日本园林,精致,过于人工化

就环境美学与景观学的联系来说,可以将环境美学看成是景观学的一种理论上的指导,也可以看成是环境美学形而下的一种延伸。① 景观学的产生早于环境美学,仅就这一维度来看,环境美学也无妨看作是景观学在当代的理论提升。

### 三、从环境伦理学到环境美学

人和自然的关系问题一直是哲学的主题,但是在不同的

---

① 阿诺德·伯林特在《生活在景观中》一书中描述过环境美学向工艺美术、城市建筑、规划发展的过程,他说,"过去的两个世纪中,环境的美学吸引力扩展到一方面与建筑和室内设计相结合,另一方面与城市和商业、工业景观相结合。"湖南科技出版社 2006 年版,第 22 页。

时期，人类对自然的关系的看法是不一样的，人类的初民阶段，由于人认识自然、改造自然能力的极其低下，普遍存在一种对自然的崇拜心理。与自然的联系，更多地看重人对自然的服从、屈服，这可以说是一种自然主体哲学。而在人类的文明时期，人类的主体性逐渐觉醒，这种觉醒在德国的古典哲学中达到了极致，康德、黑格尔是这种哲学的最大代表，这种哲学有一个突出特点，就是它所弘扬的主体性是精神的主体性，马克思批判地继承德国古典哲学，将精神的主体性移到物质的主体性来，这种物质的主体性就是人的生产实践。由于人自诩为"宇宙之精华，万物之灵长"，俨然以宇宙的主人自居。

历史发展到后工业社会，人类的主体性发展到极致，创造了更为先进的文明，但是，人所创造的文明程度不一地破坏了自然界原有的平衡其中主要是生态平衡，人对自然的征服所取的胜利果实本应是甜的，却变成了酸、甚至是苦的。在自然的威权之下，人类突然醒了过来，原来自己并不是宇宙的主人，甚至也未必是"宇宙之精华，万物之灵长"，人的主体性遭到严重挑战。有学者提出自然也应具有它的主体性，自然的主体性突出体现在生态主体性上，于是就有了两个主体性：人的主体性，自然的主体性。人的主体性集中体现为文明，自然的主体性集中体现在生态。按逻辑，是不容许存在两个主体性的，这两个主体性要么一个战胜另一个，要么两者实现统一。人类现在已经明白，自己是无法从根本上总体上战胜自然的，只能取与自然相和谐的态度，于是，一种新的文明观——生态文明观产生了。这种文明观既不强调文明的主体,也不突出生态主体,而是让生态与文明构成一个共同的主体。生态与文明能够共同成为一个主体吗? 应该说,在一定的范围内可以做到,当然,这需要人自觉地调节自己的文明,让文明既符合人的利益,也符合生态的利益,也就是说,既是文明的,又是生态的。概括起来,就是生态与文明共生双赢。在这样一种哲学观的主导下,一种新的伦理——环境伦理亦称生态伦理产生了。

环境伦理是伦理学的新阶段。在此前,伦理学经历过自然伦理、社会伦理两个阶段。自然伦理畏惧自然,人的价值屈服于自然的价值,这种伦理主要在人类的史前时期;社会伦理崇尚人的权利,将人的价值看得高于一切,从根本上漠视自然的价值。这种伦理观主要在人类进入文明阶段之后,而在工业社会达到极致。后工业社会出现了新的伦理——环境伦理。在环境伦理的视野下,人的价值与自然的价值需要实现调整,既尊重人的权利,也尊重自然的权利。

问世于 1949 年的《沙乡年鉴》是美国伦理学家利奥波德(Aldo Leopold)逝世后出版的著作,书中《土地伦理》一文指出自然保护应尊重生物的多样性,应重视保护"陆地"这一生命共同体的整体稳定性和美观,提出了立足于整体观的大地伦理学。20 世纪 60 年代后,先后出版了环境问题研究先驱者莱切尔·卡逊(Rachel Carson)的《寂静的春天》、巴里·康芒纳(Barry Commoner)的《封闭的循环》、霍尔姆斯·罗尔斯顿Ⅲ(Holmes Rolston Ⅲ)的《哲学走向荒野》和《环境伦理学》等。

至上个世纪中叶,西方的环境伦理学已经发展得相当成

作者与环境伦理学之父霍尔姆斯·罗尔斯顿Ⅲ合影，2013

熟，众多学者探讨了环境伦理学和环境美学的关系。70年代后，从大地伦理学到深层生态学的转变使环境运动从改良走向激进。以深层生态学为代表的"新文化"运动在西方兴起，带来了一种新的生态世界观。这种环境伦理学影响了很多环境问题研究者其中包括一些美学家。阿诺德·柏林特、艾米莉·布雷迪（Emily Brady）、罗尔斯顿等人认为环境美学根本上需要一种伦理的关怀。艾米莉·布雷迪指出，在对环境的改造时，有时审美价值的获得是以生态和自然环境受损害为代价的，这样，美学目的就和我们的道德责任相冲突了。[①] 如何在达到人与自然的和谐的同时达到审美与道德的共存，是实践面临的难题。

---

[①] 参见 Emily Brady，'Aesthetics，Ethics and the Natural Environment'，in Arnold Berleant（ed）Environment and the Arts，Burlington：Ashgate Publishing Company.

在属于哲学的诸多学科中，美学与伦理学有着极其内在的联系，它们都以生命作为自己的关注对象，只是伦理学侧重于生命的内在价值，而美学则侧重于生命的外在现象。伦理学所关注的"善"作为人类行事的基本原则总是内在地决定了美的价值取向。环境伦理学所提出的一系列关于生命的新的原则，极大地启发了美学，不仅为美学提供了一个新的视角，而且提供了理论基础。

从某种意义上讲，环境美学是在环境伦理学的胚胎中吸取环境美化的营养发展起来的。

## 四、环境保护学与环境美学

环境美学产生的重要背景则是工业社会以来全人类的环境保护运动。环境保护，从大的方面言之，其手段有二：一是科学技术，二是人文理念。现在人们一谈到环境保护，想到的就是科学技术，如何净化水，如何净化空气，等等。其实，环境保护更重要的是树立正确的环境观，自觉地爱惜环境，珍惜环境，不让它受到破坏。这其中，生态文明理念是最重要的。关于生态文明，根本就是三个重要概念："尊重自然"、"顺应自然"、"保护自然"。

"尊重自然"，意味着要给自然以地位。什么地位？一是承认自然有自身的价值，这价值要得到充分的尊重；二是要承认自然是宇宙的本体，只有尊重自然这种宇宙本体的地位，人才有生存的可能，也才能在一定的范围、一定的条件下讲"以人为本"。

"顺应自然"，首先是承认自然有自身的存在与发展的规律，这规律是不以人的意志为转移的。人做任何事，都不能违背这一规律，这就是"顺应自然"。

"保护自然"，主要指保护自然的生态平衡，不是说人不能利用自然资源，不能改造自然，而是说这种利用、改造必须控制在一定的范围、一定的程度之内。一方面是为了保护自然生态平衡，不至于让我们对自然的利用变成对自己的最后伤害；另一方面也是为了可持续发展，为子孙后代留下更多的、更好的生存与发展空间。

在诸多的关于环境保护的理念中，环境美学处于较高的层面。现在的环境保护，立足于善，即人的利益、主要是不被环境伤害的利益；依据的是真，即科学技术手段。应该说，这种保护的层次是不高的，因为就人类的终极价值而言，不是善，而是美才是人之为人的根本。人与动物的根本区别，通常只是认为动物不能制造工具，而人能制造工具，这一点固然也是人与动物的区别，但不是最根本的区别，最根本的区别是人有对美的追求，而且这种追求不是本能的，而是自觉的，且是不断提升的，从没有尽头。从真善美的统一而言，不是真，亦不是善，而是美才是人类这三种最高价值的最后归宿，因此，美是人类的最高境界，席勒说"只有美才能使全世界幸福。"①我们的环境保护，就最低层次而言，就是没有污染，不伤害人的健康，为什么不将这最低的要求提升到最高的境界——美的境界呢？为什么不让我们的环境，不仅是无害的，而且是美丽的呢？

---

① ［德］席勒:《审美书简》，中国文联出版公司 1984 年版，第 146 页。

环境保护与环境建设目前是两种不同的工作,归属于两个不同的部门。它们之间经常产生矛盾。环境保护经常限制环境建设,而环境建设也多是破坏环境。难道这两者真的是天敌,不能实现统一了吗？并不是如此,我们可以将环境保护与环境建设统一起来,这里关键其实不是环境建设必须以不破坏环境为前提,因为这是题中应有之义,关键倒是将环境保护提升到环境建设的高度,让环境保护不只是环境的修复,还是环境的美化。这一目的的实现固然需要一定的科学技术做手段,但根本的是理念到位。理念之一,就是整个环保工程需以美学为主导。美学主导,并不是唯美主导,而是融真善美为一体且以美为最高追求的主导。真善美一体,是有多种融合方式的,三者或可融为真,也可融为善,但只有三者融为美,才能将人类的精神境界引向无限。

环境保护与环境建设中经常遇到的功能与审美的关系问题也只有树立美学主导的理念才能真正解决。通常对这两者关系的处理,总是将它们对立起来,根据善为根本的原则,功能第一,审美第二,实际上是要功能不要审美,或者为功能而牺牲审美。城市中触目可见的市政工程诸如高架路、立交桥、广告牌多是如此。按美学主导,功能与审美不是对立的,而是统一的,这种统一,既不是功能统一于审美,也不是审美统一于功能,而是功能即审美,审美即功能。比如,城市中的高架路,既是便捷的交通工具,又是亮丽的街头景观。

现在我们国家的环境保护之所以存在严重的问题,主要不是科学技术水准达不到,也不都是不重视,而是思想认识达不到,也就是说观念上出了问题。这方面,我愿意向读者推荐美国环境设计师帕特丽夏·约翰松的创造。约翰松是一位非常有才华的环境艺术设计师,她做的园林总是恰到好处地将环境保护与环境审美统一起来,正如《艺术与生存——帕特丽夏·约翰松的环境工程》一书的《概论》所说的:"生态系统是约翰松工作的模本,生存是她的主题,她对此非常熟悉,从而能够深刻体验,灵活运用。在生活和艺术中,耐心和灵活都是非常有用的技巧。通过对植物与动物生存策略的探索,并揭示出不同的艺术处理方式,从而她的艺术可以被用来恢复生态。但她决不会放弃美。她很清楚美所具有的促进生态复原的特性。"①这里,使我们惊奇的是最后一句话:"美所具有促进生态复原的特性。"美有那么大的力量吗?初听,似是觉得将美看得太高了,但细思,又觉得真是那么回事。

## 五、正在发展的环境美学

　　环境美学的历史并不长,大抵在上个世纪下半叶,西方陆续出现一些有关环境美学研究的著作与论文。环境美学作为学科的界定,目前还在研究之中,据环境美学的开拓者之一、国际美学学会前会长、美国哲学家阿诺德·伯林特的看法,环境美学虽然与其他学科交叉,但其核心是对环境的美学思考。而关于"环境"的界定,西方学者大多不把它与人分割开来,将它看成人之外的东西。阿诺德·伯林特说:"环

---

① [加]卡菲·凯丽著,陈国雄译:《艺术与生存——帕特丽夏·约翰松的环境工程》,湖南科学技术出版社2008年版,第6页。

境并不仅仅是我们的外部环境,我们日益认识到人类生活与环境条件紧密相连,我们与我们所居住的环境之间并没有明显的分界线。在我们呼吸时,我们也同时吸入了空气中的污染物并把它吸收到了我们的血液之中,它成了我们身体的一部分。"[1]

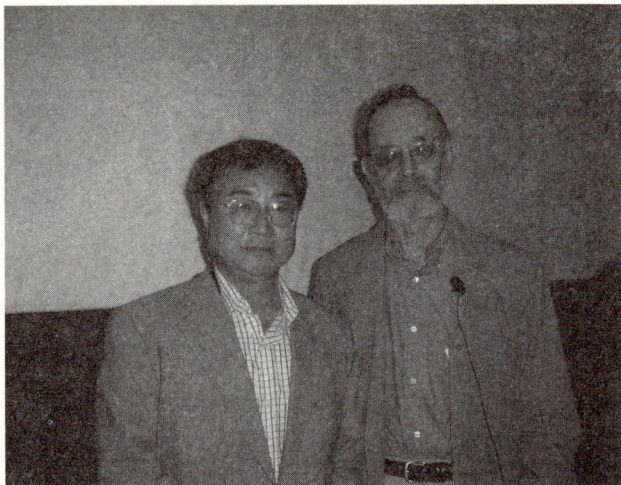

作者与环境美学重要创始人之一阿诺德·柏林特合景,2007

环境当然主要指自然环境,但是它也包括人造环境。与一般从经济、政治、伦理等角度研究环境不同,环境美学更多地关注环境的适人性,它对于人的精神上享受的意义,也就是它的审美价值。这样,环境美学的研究就不可能是独立的,与其他学科不相干的,它必须从其他学科吸取营养,在相

---

① [美]阿诺德·伯林特著,陈盼译:《生活在景观中——走向一种环境美学》,湖南科学技术出版社 2006 年版,第 8 页。

关学科研究成果的基础上搭起一座引人注目的精神的金
字塔。

西方的环境美学研究,大体上分为理论上研究、实践上
研究以及理论与实践相结合的研究。在理论的研究上,在有
关环境美特质的认识上,主要是将它与艺术美相比较。阿诺
德·伯林特认为,这种区分可以从三个方面进行。一是环境
美的对象是广大的整体领域,而不是特定的艺术作品;二是
对环境的欣赏需要全部的感觉器官,而不像艺术品欣赏主要
依赖于某一种或几种感觉器官;三是环境始终是变动不居
的,不断受到时空变换的影响,而艺术品相对地是静止的。

在有关环境美的理论上,有关环境感知和景观评估是两
个研究重点。加拿大学者艾伦·卡尔松对现代环境审美模
式进行了梳理,以对自然环境的欣赏为例,分析了对象模式
(the object model)、景观模式(the landscape model)、自然环
境的模式(the natural environment model)、参与模式(the
engagement model)、神秘模式(the mystery model)、唤醒模
式(the arousal model)等十种欣赏模式。卡尔松主张全部的
自然世界都是美的,并强调科学知识在审美中的重要性,把
审美欣赏筑基于自然科学,而科学知识则为自然欣赏的客观
性和普遍性奠定了基础①。

关于环境的审美批评,在西方环境美学中得到重视。美
国学者阿诺德·伯林特和芬兰学者约·瑟帕玛都深入地论

---

① 参见 Allen *Carson*, *Aesthetics and the Environment*:*The Appreciation of
Nature*,*Art and Architecture*,Routledge,2000.

述了这个问题，环境批评涉及到景观评估。对景观评估的研究主要从实验和实践两条途径展开。实验的途径主要是从环境心理学的角度进行研究，这主要依靠科学的研究、量化的数据和评估，多采用定量、试验的研究方法，如建立模型、验证假设、研究工具的标准化、数据的产生和分析等。在这种研究途径中，对环境变量的分析和对环境的人文因素的考虑是相互补充的。美国学者J·L·纳斯（Jack L. Nasar）主编的《环境美学：理论、研究与应用》一书中提出环境美学是经验主义美学和环境心理学两个领域的研究的一种融合，这两个领域都采用科学方法以解释物理的刺激和人的反应之间的关系①。实践的途径主要是从景观设计与规划的角度进行研究，主要体现在对景观的美学价值进行量化。景观的量化评估起因于环境的经济价值和审美价值之间的相互冲突，景观美学质量的量化有助于为捍卫景观提供有力的证据。许多重要的研究成果已经在实践中得到了广泛的应用，如主要用于估量森林和荒野的审美属性的风景美评估（SBE）模式，已经用于乡村的农耕区景观的乡村景观评估程序②。但是，正如阿诺德·柏林特所指出的，量化途径致力于一种如同科学一样的客观性和精确性，但其范围太窄并且采用的数据是缺乏说服力和值得怀疑的。量化研究产生的数据只提供了有限的、似是而非的证明。景观质量的精确评

---

① 参见 Jack L. Nasar, *Environment Aesthetics: Theory, Research, and Application*, Cambridge University Press, 1988.

② 参见 Steven C. Bourassa, *The Aesthetics of Landscape*, London: Belhaven Press, 1991.

估一直存在着争论，并且未得到真正的解决。实践途径还注
重环境美学质量的保护、规划和公众意识的提高。建筑师、
城市规划者和景观设计师直接肩负起改造和提高生活环境
质量的重任；而环境教育的长远计划也在人文学者的研究
之中。

　　众多学者还探讨了环境伦理学和环境美学的关系。西
方的环境伦理学已经发展得比较成熟，对环境美学有着重要
的借鉴意义。20世纪70年代后，从大地伦理学到深层生态
学的转变使环境运动从改良走向激进。以深层生态学为代
表的"新文化"运动在西方兴起，带来了一种新的生态世界
观。这种环境伦理学影响了很多环境研究者。阿诺德·柏
林特、艾米莉·布雷迪(Emily Brady)、罗尔斯顿等人认为环
境美学根本上需要一种伦理的关怀。在对环境的日常经验
中，审美与道德不免发生纠缠，甚至发生价值冲突。艾米
莉·布雷迪指出，在对环境的改造时，有时审美价值的获得
是以生态和自然环境受损害为代价的，这样，美学目的就和
我们的道德责任相冲突了。如何在达到人与自然的和谐的
同时达到审美与道德的共存，还是实践面临的难题。

　　特别值得我们重视的是，西方有一些学者已经试图将美
学与工程学结合，他们在实践上，做出了出色的成绩。法国
著名的工程师贝尔纳·拉絮斯在设计法国西部一条高速公
路时，将公路要穿过的一片采石场变成奇异的悬崖景观。这
一实践上的巨大成功，引起了著名的学者、哈佛大学敦巴顿
橡树园园林与景观部主任米歇尔·柯南(Conan Michel)的
浓厚兴趣，他将这一实践上的巨大成功从景观学的理论上加

以概括，写出了 *The Crazannes Quarries by Bernal La ssus : An Essaay Analyzing the Creation of Landscape Michel Conan*① 这一重要的著作。

中国学者从事环境美学研究始于 21 世纪初叶，已出版的著作主要有曾繁仁的《生态美学导论》（商务印书馆，2010）和笔者的《环境美学》（武汉大学出版社，2007）。曾著侧重于从生态主义角度研究美学，研究的内容涉及环境，但不限于环境。笔者的《环境美学》以生态主义与人文主义结合为哲学基础，侧重于从生活的维度研究人与环境的美学关系，并且将这种关系概括为"居"，此书将"家园感"视为环境美的本质，将"乐居"视为环境美的最高层次，将山水园林城市定为人类最理想的生活环境，而历史文化名城则为最具魅力的生活环境。

环境美学的发展越来越显示出它与传统美学的区别所在。美学研究的重心从艺术转移到自然，其哲学基础由传统的人文主义和科学主义扩展到人文主义、科学主义和生态主义三者的结合；美学正在走向日常生活和应用实践。不难预见，环境美学将成为美学研究的显学，也势必为人类的实践指出一条通往人与环境的和谐的道路。

---

① 此书已由赵红梅、李悦盈译成为《飞越岩石景观——贝尔纳·拉絮斯的景观言说方式》，收入"环境美学译丛"，由湖南科技出版社 2006 年出版。

# 第一章  环境美学的主题
## ——乐居

　　严格说来,环境美学并不是关于环境审美的学问,而是
生活的学问,生活的学问是一门大学问,最高的是人生哲学,
其下则有许多分支学科,分别研究人如何生活。人的生活涉
及诸多方面,一时难以归纳概括,其中有一个方面是清楚的,
那就是人总是实实在在地在一定环境中生活,生活的方式、
生活的质量在相当程度上决定于环境的质量,决定于环境与
人的关系。环境的功能首要的也是基本的是人的生命之根、
生存之所、生活之域、精神所依。环境有美,人也欣赏这种
美,但这种审美有一个突出的特点,那就是它不离开环境的
根本功能——生存与生活,环境的审美是生存与生活中的
审美。

## 第一节  资源与环境

　　环境就类型来说有自然环境与社会环境,自然环境是根
本的。

　　自然当其作为人的价值物时,主要有两种情况:一是作
为资源,二是作为环境。资源主要为两类,一类为生产资料,
一类为生活资料。生产资源为人的生产活动提供原料,生活

资料则直接满足人的生活需要。

讨论环境的功能必须将环境与资源区别开来。资源与环境可以是同一个东西，也可以不是同一个东西。它们的共同之处都是对人的肯定。但它们的本质是不同的，资源是经济概念，环境是人文概念。

资源与人的关系是对立的，表现为人对资源的掠夺；环境与人的关系则是统一的，表现为人对环境的依赖和环境对人的支持，用通俗的话来说，环境是人的家。

人与资源的关系，我们说是"生产"；人与环境的关系，我们称之为"生活"。

地球是人类唯一的生存之地，它是兼有资源与环境二者的。从总体来看，我们不能不从地球获取资源，也不能不将地球作为我们的家。将地球看作资源，势必对地球有所破坏；将地球看作家，则不能不对地球精心呵护。无疑，这两者是有矛盾的。解决矛盾的指导思想只能是环境第一，资源第二。有一条标语：既要金山银山，又要绿水青山。总的不错，但还需加一句：保住绿水青山，才要金山银山。

作为人的家，环境的首要功能是作为物的因素参与人的生活。人的生活，主要由两种因素构成，一是人的因素，即灵肉相统一的活着的人；另是物的因素，具体来说，它展现为四个方面：人的生活的场所，人的生活动力之源，人的身心归属，人的生活享受对象。这四个方面均包含有物质精神两种因素。也就是说，环境对人的肯定，既是物质上的肯定，也是精神上的肯定。

生活，在环境中的重要性再怎么强调都不过分。生活第一,这应是城市建设的第一要义。生活,最重要的是居住。人类的居住方式大体上最初是游动的,居无定所,这与游猎生产方式有关。进入农耕社会后,人类就基本上定居下来了。居,必有场所,场所一般理解为屋舍,但这是不够的,屋舍只是"场所"中的"所",而"场"则不只是屋舍,还有自然与社会。

安居才能乐业,虽然这是一条普通的道理,在现实生活中却常常遭到忽视。当今城市建设中,重视的是城市的政治、经济、文化、教育地位,特别是经济地位,强调的是 GDP,凡能直接给城市的 GDP 带来增长的建设项目总是摆在突出地位,而居住则被挤到一边。即使是北京、上海、广州这样经济发展相当好的城市,尚有为数不少的市民其居住条件并没有得到根本的改善。

更严重的是经济发展与环境保护的矛盾。本来任何项目的上马均需有相应的环境保护措施跟上,但实际上,很多企业的环保措施并没有跟上,致使环境遭到严重污染,人们的健康遭受损害,生存、生活发生了严重困难。

笔者行文至此,正好看到一则题为《山西富人及其生态难民》①的文章。文章说,山西作为中国重要的煤炭生产基地,有近五万家煤矿企业。过度的开采,更兼原始的无计划的野蛮掠夺,使得山西大地伤痕累累,严重地破坏了生活环境。

这种状况值得我们思考:居住与生产两者的矛盾到底应

---

① 原载《凤凰周刊》2006 年第 15 期,另见《中外文摘》2006 年 14 期。

如何解决？从整体来说，居住场所与生产场所是同一个场所。居住是一种消费，它不创造价值，至少不直接创造价值；生产则创造价值。换句话来说，居住花钱，生产挣钱。单纯地算经济账，对于某些人来说，还是生产划算，像山西某些煤矿的老板，赚了钱以后可以去外地购房。但是，普通老百姓是不可能去外地购房的。即便都能去外地购房，这个损失也不是仅算经济账就可以算清的。一个地方的生态环境遭到严重破坏，影响的不只是这一块地方，还有别的地方，因为生态具有全球性。

更重要的是：家园不只是联系到人们实际的物质利益，还联系到人们的精神世界，家园是人们心灵的寄托。这种心灵上的寄托，可以做历史上的追溯。因为生活在这块土地上的，不只是现在活着的人，还有我们的祖祖辈辈。他们为后世留下的不只是物质性的基业，还有精神传统。这些，对于后人，都是非常重要的传家宝。物质基业不能离开这块土地，精神传统也密切联系这块土地上的一山一水，一草一木。"皮之不存，毛将焉附"。家园都没了，创建这家园所缔造的精神变成了无稽之神话，这不很可悲吗？

谈到环境的功能，我们总是很容易想到旅游。环境确实有旅游的功能。但是，必须明白生活与旅游是两种不同的追求。人们来这里旅游，看中的是景观的"唯审美"含量。说是"唯审美"，就是它不涉及与之相关的任何功利。这种审美与传统美学所肯定的"无利害关系"说基本上是合拍的，看重的是形式美，追求这种美所带来的心理上的刺激与愉悦。而居住对于环境的要求不是唯审美的，说不是唯审美，并不是说还有一种脱离善与真的美存在,而是说居住者更关心的是美的内容,这种内容关系到居住者的诸多功利,诸如健康、安全、生活方便、居住舒服,等等。

相比于居住来说,旅游毕竟是次要的,考虑环境美的功能,必须将居住放在首位。当前城市建设在处理居住与旅游关系上,尚存在一些偏差。为了提高城市的活力,增加城市的 GDP,城市有必要积极开展旅游这方面业务。为此,加紧旅游设施的建设是必要的,这些设施相当一部分也属于环境的建设。问题是,不要忘记了,将环境建设好,不只是为了旅游,也还为了生活——首先,当然是当地居民的生活。须明白,环境建设的第一要义,是让居民宜居并进而乐居。居住才是环境的基本功能,忽略了这一点,均有可能将环境建设引向错误的方向上去。

环境以生活为主题。生活,讲究方便、舒服、随意,当然,也要讲究秩序、文明、优雅。这里特别要提出城市的包容性问题来。城市是属于各色人等的,中产阶级要在这里生活,平民百姓甚至乞丐也要在这里生活。不能要求城市只有一种生活方式。城市要讲卫生,但不一定要那样讲究整齐;城市要讲市容,但不一定要那样讲美观;城市要讲究文明,但不一定要那样讲究优雅;城市要讲秩序,但不一定要那样讲一律。城市是我们大家的家。

## 第二节　宜居与生态

环境以生活为主题。这里说的生活,是多种多样的,可以分为两大类：流动，或生产，或考察，或旅游；居住，虽也生产，也工作，但在此地建立了家园——一个相对稳定的居所。两者均是人在环境中的活动。但就我们对环境基本功能的认定来说，居住才是环境的基本功能。我们对于环境性质、品位的考察均以环境的后一种功能为依据。

居是可以分层次的。基础的居为宜居，宜居着眼于生存，就生存言之，它有三个要点：

第一，是否有利于健康。环境是否有利于健康，要看五个方面：（一）空气是否清新；（二）饮水是否清洁；（三）气温是否宜人；（四）是否有噪声；（五）是否有严重伤害人健康的其他因素存在。这里说的伤害人的其他因素，有些是明显的，如湖区，是否有传播血吸虫病的钉螺存在；有些是隐蔽的，如有些地区有损害人健康的放射性元素存在，这些放射性元素，不用仪器是不能觉察的。环境的卫生状况直接影响到人的健康。而这，又是与当地的经济发展水平、风俗、文明程度密切相关的。千万不要小看环境的卫生状况，它不仅是衡量一个地区文明水准的重要标尺，而且也是衡量环境美的重要标尺。第二，人身与财产是否安全。第三，生活是否方便。

宜居的三个方面，第二、第三方面都是次要的，第一方面才是最重要的，这一方面所涉及的深层次的问题是生态。说宜居，根本的，是指生态宜居。这一问题之所以提出，是因为地球上的生态问题已经十分严重了。

从哲学层面上来看，存在着两种价值观的较量。一种价值观是：人是这个世界上唯一的主体，只有人有价值，动植物没有属于自己的价值,人有权任意主宰它们的生死,这种价值观统治人类上千年,大抵上,人类进入文明时代,就持这种价值观了。而在当今的生态文明时代,这种价值观过时了,新的价值观认为,这个世界上,人不是唯一的主人,地球是人类与一切动植物共同的家,在生态平衡的天秤下,人与其他动植物是平等的。人有生存与发展的权利,动植物也有生存与发展的权利。在利益相冲突的时候,至高的调控者并不是人,而是生态平衡。调控的结果,未必都是人得利,也很可能是人的让利。

宜居环境的建设就是以这种哲学作指导的,它突出表现为对自然的尊重,对自然规律的顺应,对自然生态平衡的敬畏。

美国当代著名的环境伦理学家霍尔姆斯·罗尔斯顿在他的《自然界的价值和对自然界的义务》一文中说到一件事:罗瓦赫原野公园过去的标牌上写的是:"请留下鲜花供人欣赏。"现在标牌上写的是"请让鲜花开放!""其含义是:雏菊、沼泽万寿菊、天竺葵和飞燕草,是能保持它们种类善的可评价系统,在没有例外时,它们是善的种类。人们可能在欣赏这些花的时候,也在其中体会到有这种迹象。"①两条标语,表面上看意思是一样的:让人爱惜鲜花,却是两种不同的伦理立场。"请留下鲜花供人欣赏。"显然是站在人本位的立场上的,肯定的是人的价值;而"请让鲜花开放!"却是站在自然

---

① [美]霍尔姆斯·罗尔斯顿:《环境伦理学:自然界的价值和对自然界的义务》,叶平译,转载自邱仁宗主编《国外自然科学哲学问题》,中国社会科学出版社1991年版。

本体的立场上的，肯定的是鲜花自身的价值。

宜居的环境无疑首先是自然有地位，这自然有地位又集中表现为生命有地位，这生命有地位，不是指单一个体的生命，而是指物种的生命。这物种的生命，不是单指人这一物种的生命，而是所有物种的生命。早在 1919 年德国思想家阿尔贝特·史怀泽（Albert Schweitzer）就在斯特拉斯堡的布道中提出了"敬畏生命"的原则，他说："我们生存在世界中，世界也生存在我们之中。这个认识包含着许多的奥秘……如果我们已能深刻地理解生命，敬畏生命，与其他生命休戚与共；我们怎样使作为自然力的上帝，与我们所必然想象的作为道德意志的上帝、爱的上帝统一起来？"①值得强调指出的是，我们对物种生命的尊重，是在生态平衡意义上的尊重，不是佛教的不杀生。那叮人血的蚊子，虽然我们未必要将其绝种，但是它们的猖獗，对人的健康造成了严重危害，实际上也是对生态平衡的破坏。

欧美许多国家是为动物立法的，生活在城市中的动物不能随意伤害。在欧美，我们经常可以看到大街上有鹿群过街，有野雁在游弋。这些动物是受到法律保护的，它们也是城市中一员，这座城市也是它们的家。所有的人都需要尊重它们，有义务有责任保护它们。一座城市是不是宜居的城市，不能只是看它有没有蓝天白云，有没有碧水绿山，还必须看这座城市的市民有没有生态意识。没有生态意识，即使这

---

① [法]阿尔贝特·史怀泽：《敬畏生命》，上海社会科学院出版社 1996 年版，第 21 页。

座城市原本有蓝天白云、有碧水绿山,也会终有一天将优秀的生态环境败坏干净。蓝天白云成为罕见的景观,终年雾霾,难见天日;碧水绿山只存于往日的照片,眼前却是荒山秃岭,水枯见底。可以说,生态是自然赐予的,而生态城市即宜居城市绝对是市民打造的。

## 第三节 利居与乐居

在宜居的基础上,有利居与乐居。

利居虽然也有居,但实际上重的是利。不少人来到某城市,目的是创业,是求利。中国现代的城市建设也比较地重视利,利是多边的,外地来此创业的人得利,本地市民也得利。正因为如此,不少城市努力发展自己的特色产业,提高知名度,让更多的人来此创业。江西某一城市历史上出过很多名人,中等教育不错,高考录取率出奇地高,各地的家长慕名将孩子带来此地上学。为了让孩子不致没人照顾,就在此地经商,打工,或就做孩子的陪读,照管孩子生活。这个地方因教育而带动了 GDP 的增长。利居中的利虽然是多样的,但主要是经济。因此,通常讲的利居城市都是经济发达的城市,以工商业城市为主。

经济是基础。我们当然不会反对将所有的城市建设成利居的城市,但是,发展经济的目的,还是为了生活,利居不能成为我们环境建设的最终目的,环境建设的最终目的是让市民生活幸福,概而言之:乐居。

乐居的生活环境有四个要点:

第一，自然景观优美。景观优美是建立在生态优良的基础之上的，优良的自然生态固然可以创造出优秀的自然美来，但适当的艺术加工也是不可少的，它不仅可以让这种美锦上添花，而且增加了艺术美。大凡称得上乐居的城市都有值得称道的自然景观。宜居也讲究自然条件，但主要是讲生态，只要生态好，没有污染就够了，不需特别提出美学方面的要求。

第二，历史文化底蕴深厚。城市都有它的历史，它是城市最为宝贵的财富。历史文化留存有两种方式：文献和物件。前者供人们去阅读，通过阅读了解这座城市不凡的过去，会增加对这座城市的敬意和爱意。但是，文献资料毕竟是文字，没有形象，就审美效果来说，远不如物件遗存。物件遗存是可感的，它具有强烈的视觉冲击力，这种视觉冲击力会强烈地影响到人的情感与理智。城市中的物件遗存，主要为建筑物。这些建筑物矗立在街头，上百年，或上千年，虽然因自然风雨、战争动乱，外观变得残缺了，不好看了，但须知，这种残缺正是它最为动人的魅力所在。对于历史文物来说，某种意义上，残缺就是美，伟大的美，崇高的美。那矗立在罗马闹市中的古斗兽场，虽然是残损了，远不及近旁的新建筑的华丽、辉煌，但任何人来到这里，都将目光投向它，向它行注目礼，它的魅力、它的美岂是华丽的新建筑所能相比的？近年来，不少人提出要将北京的圆明园修复，不是不可以重造一座圆明园，但绝不能将原有的圆明园废墟拆掉去重建圆明园，如果是那样，那真正是民族的悲哀！

第三，个性特色鲜明。乐居的城市均是个性特色鲜明的

古罗马斗兽场,残缺而更显魅力

城市。城市的个性特色是通过多种因素体现的,或是自然景观,或是人文景观,这其中,建筑也许是最为抢眼的。德国的小城魏玛至今还完整地保留着方块石砌就的街道,还有马车这样的交通工具,更不要说街道两旁数百年前的建筑了。一座很有个性特色的城市一定在建筑上很有讲究,很有特色,让人过目不忘。魏玛就是这样的城市。另外,就是特色产业、特色文化、特色民俗了。美国的新奥尔良因是爵士乐的发源地每天吸引着成千上万的发烧友,中国云南的香格里拉仅仅因一个传说而名闻天下。

第四,能满足居住者的情感需求。情感是人性中最为深层的部分。人的一切活动均不同程度地染上情感,渗入情感。人对于环境是有情感的,是哪种类型的情感,哪种调质的情感,就看他与环境的关系了。乐居的环境,情感基调应是亲情或类似亲情。这种情感不应是肤浅的，而应是深沉的；不应是短暂的，而应是绵长的；不应是单薄的，而应是丰富的。它的调质可能五味杂陈，有喜有悲，有苦有乐，但主调应该是让人温馨的，依恋的，可以经久回味的。

情感的力量是伟大的，它可以创造奇迹。人们在某一座城市能不能定居下来，最终的决定因素也许就是情感！

虽然情感是个人的，我们不能让所有的人都爱上这座城市，但我们应该让更多的人依恋这座城市、喜欢上这座城市。

乐居与利居相比，突出的优势是重生活质量。生活质量如何看？（一）生活质量既在物质，更在精神。（二）生活质量既在实惠，更在品位。品位说到底是文化的，精神的。（三）生活质量既有标准，又无标准，重在特色，特色既显之于外，更藏之于内，无法拿来比拼的。（四）生活质量既在大众，又在个体；个体的生活质量，既在他拥有的财产，更在他的真切感受，种种数据包括幸福参数都不能代替此种感受。

这四个方面集中体现出乐居的环境重文化、重审美的特色。

就重文化来说，它重的是文化品格。什么样的文化品格才称得上高呢？从本质上来看，这文化应是对人、对人性的充分肯定，具体来说，不管是哪一种文化，它都应是美好的，像林间清风，五彩云霞，春光明媚，让人感受到生命的舒展与活力；这种美好，还应是有历史的，有底蕴的，像陈酒，味香劲厚，悠久绵长，耐人寻味，让人陶醉。就笔者访问过的地方来看，像德国的魏玛、奥地利的维也纳、美国的新奥尔良、中国甘肃的嘉峪关、湖南的凤凰都称得上文化品格很高。

浙江湖州南浔镇,充满水乡情调

这样的城市、乡村,其实是很多的,但因为缺乏保护,缺乏修饰,诸多污染、侵扰更是乘虚而入,要么就湮没了,要么就给毁了。笔者出生的那个小镇依山临水,与凤凰相仿佛,但几经折腾,特别是上个世纪 50 年代末期大规模的拆迁,早已面目全非。比我年轻的这座小城的居民,听我说起城市当年模样,已是无法想象的了,其实在我,那也只是一个残留的梦境。

就重审美来说,不是说它外观上有多好看,而是生活在这座城市有多么的轻松与潇洒。审美的这种轻松与潇洒,常用"自由"来表示,这概念也常带来纷义与混乱,故我在这里不用这个概念。轻松与潇洒是一种感觉,难以概括为几条标准。不过,每个人都会知道什么是轻松与潇洒。城市是诸多人生活的地方,诸多的人有诸多不同的生活状况,因而有诸多不同的对城市的要求，为了维护城市的秩序，也为了让绝大多数的人感受到生活在这一城市的轻松与潇洒，它是需要有一定的规则的，诸如交通规则、卫生规则，这些规则不仅保护这座城市的文明，而且维护着这座城市的美丽与魅力。当所有的市民在道理上完全接受这些规则、在心理上真正内化这些规则，比如说，有垃圾，就非得丢到垃圾箱里，如丢到街头则不可思议，这时，也只有在这时，生活在这座城市才真正称得上轻松与潇洒了。

乐居是日益富裕起来的人民对环境的新的追求。当人民还很穷的时候，考虑的主要是赚钱，是温饱。随着温饱问题的初步解决，人们对生活的要求更多地放在精神上了，对于环境，它就不满足于宜居和利居，而要追求乐居了。

宜居、利居都是乐居的基础，但二者与乐居的关系也还存在一些差别，宜居作为乐居的基础，是绝对的，环境越是宜居，越能乐居。利居作为乐居的基础，是相对的，虽然乐居需要优越的物质基础，但并非物质越丰富，就越能乐居。不少城市以 GDP 为最高目标，将城市打造成赚钱的巨型机器，将发展是硬道理变成赚钱是硬道理，一切向钱看，不惜将城市资源耗尽，当然更不惜将城市环境破坏，结果，也许真赚了一些钱，但是，这城市也真不能待了。可怕的还不是市民的大量迁移，而是留下这堆建筑垃圾、工业垃圾、生活垃圾，贻害子孙后代……这样的例子并非没有，一些当年响当当的工业城市，因资源枯竭，如今成为空城、废墟，演绎着新版的"彼黍离离"，让人扼腕悲叹。所有的城市建设者需要有清醒的头脑，在谋利的同时，逐步实现利居城市向乐居城市的过渡。

工业社会以来，城市以高功能、高利益而为人们所向往，所以城市向来被称作为"冒险家的乐园"。城市的这一性质在现在虽然没有根本性的改变，但是，城市的功能逐渐由纯功能性转变为生活性。城市不仅要让理想家实现它的梦想，而且要让广大的人民生活得更幸福。上海世博会的主题"城市让生活更美好"，道出了城市发展的方向。什么叫"生活更美好"，就是"乐居"。

营造"乐居"的环境，让人们生活得更幸福，这是环境美学的主题。

## 第四节 乐居与乐游

关于环境，有两种认识的维度，一是将环境看成是人之外的物质世界，《现代汉语词典》为环境下定义就是"人周围的地方"、"周围的情况与条件"，按这种维度看环境，环境是人的对象。另一种维度是将环境看成人之内的物质世界，是人的肉体与精神的物质来源，人的生命另一体。我们人时时刻刻在与环境进行着生命元素的交换。比如，环境中有空气，我们呼吸着新鲜空气，这空气进入人体后，参与人的生命创造；同时，我们人也吐出生命过程中所产生的废气，废气进入环境后，为植物所吸收，植物吸收后产生人所需要的新鲜空气。两个维度看环境，前者看到的是环境的现象，后者看到是环境的本质。我们将环境的基要功能定位于生活——居，就是从环境的本质出发的。

尽管环境，按其本质是人的生命之源，环境的基本功能是居,但是,我们不能忽略,作为人之外的物质世界,环境还是人的欣赏对象。环境特别是自然环境以它的天生丽质吸引着我们,给我们极大的精神愉快。这样说来,环境的美可以大致分成两个方面,就它与人的生命联系来看,它的美主要为居之美;而就它作为人的感受对象来说,它的美主要为游之美。

居之美已如上说概括为乐居。游之美则概括为乐游。

游的范围当然远远大于居的范围。地球上像极为寒冷的南极北极、极为干燥的沙漠,人是没有办法居住的,但是它为某些游者所青睐。不只是因为这些地方,风景极为奇特,更重要的,它也是对人胆量与能量的一种挑战。不少人乐于接受这种挑战,从中感受到极大的精神愉快。这些地方虽然不是宜居的地方,却是宜游的地方,也是人的环境。环境的边界是难以确定的,以与人的关系向外呈弥散状拓展,中心部位应是居,其次是游,再其次,游也不能游,却因与人的生命有关系,也应看成环境。

环境与自然(自然界)其实是重选的,之所以取不同的名目,是因为看问题的角度不同,认定对象为自然,是从人与自然相异这一维度来说的,自然不是人,人不是自然。认定对象为环境,是从人与自然相关这一维度来说的,就本质来说,环境也是人,因为人就是环境的产物。

从大的方面来看,中华民族与西方民族的自然观与环境观是差不多的,如果细细地品味一下,它们还是在某些方面见出一些差别的,这不同的方面主要见之于游。游的差别集中体现在以自然风光为题材的风景画上。风景画是画家游

河南云台山瀑布,像是在大地上奔逐的白龙

于自然风光的产物,从某种意义上,它可以反映画家关于游的一些观点。中国画家喜欢画以自然风光为题材的画,中国人称这种画为"山水画"。中国人喜欢画山水,自然因为爱山水,如宋代画家郭熙所说:"君子之所以爱夫山水,其旨安在?丘园养素,所常处也;泉石啸傲,所常乐也;渔樵隐逸,所常适也;猿鹤飞鸣,所常观也。"(《林泉高致》)原来,这所画的"丘园""泉石""渔樵""猿鹤"之类是人"常处""常乐""常适""常观"的对象。与人的关系如此密切的自然界,不就是人的环境吗?原来,中国画家画的其实不是自然,而是环境。人之所以喜欢环境,就是因为环境中有人,是人的环境,当然,这人具有理想性,是美的人、可爱的人。郭熙说他看山水,就能看出人——美的人、可爱的人来。他说:"真山水四时之烟岚,四时不同。春山艳冶而如笑。夏山苍翠而如滴。秋山明净而如妆。冬山惨淡而如睡。"(《林泉高致》)看起来，游，虽然专注的是环境的现象，其实，在审美深入后，仍然会触及环境的本质——它与人的生命的密切关系。

非常可贵的是，作为画家的郭熙，对于自然山水与人的关系，说过一段十分深刻的话："世之笃论，谓山水有可行者，有可望者，有可游者，有可居者，画凡至此，皆入妙品。但可行可望不如可居可游之为得。"(《林泉高致》)这段话不只是郭熙的高论，而是"世之笃论"，可以看作中国人环境审美观的全面描述。

西方人也这样画自然风光吗？不是这样的，西方人将自然风光画称之为风景画。风景画，重在画自然本身的情貌，画得很细致，很逼真，客观性很强。从这样的画中，大概是很难看得出人来，郭熙说的"如笑""如妆"之类不能用于西方的风景画。所以，是不是可以说，西方的风景画画的主要是自然，而不是环境。

旅游在古代，是少数人的专利。西方我暂不说，就中国来说，最早的游属于隐士，也许不想做国君的孤竹君二子伯夷、叔齐就是最早的游者了，当然，这种游是消极的。积极的游要数汉代的司马迁了，为了完成历史巨著《史记》，他走遍了中国的山山水水。不过，按美学的观点，这种游还不能属于审美的，因为司马迁游的目的，是搜集史料，这是一种科学考察，属田野调查之类。真正具有审美性质的游应没有强烈的功利性，用今天的话来说，那就是玩。很难说哪位是最早的玩家，可以肯定的是，这种纯玩的游，在魏晋南北朝已是一种生活风尚。王羲之的儿子王子敬就是一位大玩家，他去山阴玩了一趟，回来说："从山阴道上行，山川自相映发，使人应接不暇，若秋冬之际，尤难为怀。"（《世说新语·言语》）大画家顾恺之更是大玩家，他去了会稽即现今的绍兴，人家问他那地方山川之美，他说："千岩竞秀，万壑争流，草木蒙笼其上，若云兴霞蔚。"（《世说新语·言语》）

　　当今世界，旅游成为风尚。从环境美学的立场来说游，我们主张的是乐游。乐游与一般的游有什么区别吗？当然有。这里，且将具有科考性质的游排除在论题之外，仅就具有审美欣赏意味的游来说，游也还有品位高低之别。最低品位的游是"到此一游"，感官也许到了，但粗粗地一看，印象很浅，很快就忘。最高品位的游，是全身心地投入之游，不仅感官全到了，而且心到了，所谓心到了，最根本的是情感到了，最后的境界是"神与物游"。柳宗元可谓中国古代最大的善游者，某日他去游永州郊外某处一个名之为钴鉧潭的小景观：

　　　　嘉木立，美竹露，奇石显。由其中以望，云之浮，溪之流，鸟兽之遨游，举熙熙然回巧以献技，以效兹丘之下。枕席而卧，则清泠之状与目谋，瀯瀯之声与耳谋，悠然而虚者与神谋，渊然而静者与心谋。（《钴鉧潭西小丘记》）

这是非常典型的介入式①审美欣赏法。从他的描述来看，首

----

① 美国学者阿诺德·伯林特称这种审美模式为 Engagement model，参见他的著作《环境美学》和《生活在景观中》。

先是感官到位了，所以，那嘉木、美竹、奇石都清晰地显露出来了，接着是情感到位了，将云、溪流、鸟兽都看成是生命之物，它们在向人回巧献技，此时，柳先生已经进入忘我境界了。他铺开一领草席，躺在地上，眼界是清泠的形态，耳旁是潺潺的溪声，心中是一片悠远与虚静。到这个境界，称得上乐游了。乐游诚然要游得尽兴，游得快乐，但乐游的最高境界也许不是快乐，而是忘我，忘情。

情的投入不论是对于居，还是游，都极端重要。值得我们注意的是居之情。此情深厚，长而无限；游之情，此情短暂为瞬间。白天的畅游，也许因为情的投入，会暂时将家搁置在脑后，然夜深人静之际，悄然入梦的却多是那个生你养你的家……尽管游之地、居之所，均为环境，却有很大的差别，郭熙说"可行可望不如可居可游之为得"，其实，可游与可居相比，可游又哪有可居之为得？游者归来，涌上心头的第一句话总是：还是家好！

# 第二章　环境美的性质
## ——家园感

　　在人的审美世界中,环境美是一种独特的美,而且是一种极为重要的美。这种美在人的现实生活中最易遭到人们的忽视。这其实也可以理解。人时时刻刻不能离开空气,然几时见过人去大谈空气的重要价值、空气的美呢?

　　环境,按其内涵的主要成分不同,可以分为自然环境与社会环境,自然环境的主要成分为自然物,社会环境中的主要成分为社会物。然它们都不是纯粹的,自然环境中有社会的内涵,社会环境中亦会有自然的内涵。自然环境与社会环境虽然两者都重要,缺一不可,但是自然环境是本。这是我们谈环境问题必须明白的。

　　从本质来说环境,环境与人是不可分离的。环境是人的环境,人是环境的人。对于环境美的认识不能专注于环境自身的客观的性质,而必须兼顾环境对于人的意义即它的社会性或者说人性,人与环境的交融互成的关系,从时空两个方面展开,既展现为实际的活动,又展现为历史的延续。所以,讨论环境美,不能不充分兼顾它的现实性与历史性两个方面,任何现实都是历史的延续,而任何历史都会以不同的意义参与现实的创造。历史就在现实之中!

## 第一节　环境美的综合性和整体性

　　美学概论中说的美通常有艺术美、自然美、社会生活美、技术美诸种形态，环境美虽然与上述诸种美均相关，却不能归属到其中的任何一种美，严格来说，环境美不是一种美的形态，而是一种综合的美，以上说的各种美都可以存在于环境之中，但是在不同的环境中，占主导地位的美是不一样的。

　　环境美的综合性说明它构成的多元性。值得强调的是，构成环境美的多元因素是会相互发生作用的，环境美是各种不同的元素相互作用的产物。这种相互作用，有正面与负面两种情况：正面的情况就是，构成环境的各种因素其相互作用所产生的审美效应大于它们的总和。在环境欣赏中，我们经常看到这样的情况：环境中某一因素如果单独地来观赏，它实在不怎么样，不美，甚至于丑，但因相邻因素的作用，它

在上海外滩欣赏浦东电视塔景观

焕发出奇异的光彩。纽约的自由女神雕像是法国人送给美国人的礼物,曾经被美国人视为难看的作品,但当它矗立于曼哈顿河口,因为有大海、港口、高楼群的衬托,就张扬出无穷的魅力,极具视觉震撼力。再如,上海的外滩,它是上海的象征,极具魅力,去上海的人均要去外滩,以领略它的美。然而外滩并不只是一条临江的长街,它由若干因素构成,除了它自身的这条长街外,它所面临的黄浦江、江对岸的电视塔、高楼,还有跨江的大桥,共同构成了外滩景观的整体。离开这个整体,任何一种因素都不能让上海的外滩产生如此巨大的审美效果。

负面的例子也很多。在城市街区,我们不时可以发现总是有那么几座与周围环境不协调的高楼存在,如果只是单看这座建筑,也许也称得上美,但因为它与周围环境不协调,不仅自身的美受到严重影响,还破坏了整个环境的美。在环境美的创造中,整体性成了第一金科玉律。日本的京都,是一座古城,它不像东京有那么多的摩天大厦,但是它很有魅力。它的魅力之一,就是整体性。京都并不缺少现代化的建筑群,这些现代化的建筑群相对集中,构成一个相对独立的整体,而那些能体现日本民族传统文化特色的老街,就尽量地保留它原来的风貌。京都的建设者决不在传统民居中硬插进几座现代化的高楼大厦。中国安徽屯溪的老街虽然多少不一地经过现代的维修,但风格基本上还是传统的,它没有现代化的建筑,于是,就显得特别地可贵。中国不少城市近年来建设的步行街,包括上海的南京路、北京的王府井、武汉的江汉路,总是因为有几幢近年来盖的楼房破坏了整体和谐而让人感到遗憾。

整体性不只是体现为相邻的物质性因素的相互作用，还体现在人的活动与环境的统一。一座城市，即使有宽广的景观大道，有顶天立地的摩天楼群，如果其市民的文明素质太低，出言不逊，不礼貌，也就很难说这里的环境有多美。

环境美的整体性不仅体现在可感的现实环境中，还体现在这一环境的历史文化中。也就是说，环境美的整体性不仅是空间性的，而且是时间性的。城市空间合理的布局诚然重要，但凸现城市的历史文脉，也许更为重要。有时就为了凸现这种历史文脉，不得不保留一些历史建筑，尽管这些旧建筑的存在会给城市的空间布局造成某种缺陷。但空间的整体性有时不得不让步于时间的整体性。中国的首都北京是一座现代化的都市，但也是历史文化名城。这里保留的中国明(1368—1644)清(1616—1911)两代的皇宫，还有一些古老的民居——四合院，这些古老的建筑为这座城市增添了无穷的魅力。韩国的首尔极为现代化的繁华街区夹有一些古老的寺庙、牌坊，表面上看来，似有些不和谐，但是，当你驻足稍许品味一下，特别是走进寺庙，登上高处纵览城市全景时，你就强烈地感到，这些古老的建筑为这座城市增加了不少的分量。值得称道的是，首尔的建设者仍然注意在空间上处理好古老建筑与新的现代化建筑的关系，尽量将两者在色调、造型上统一起来，不让二者构成强烈的视觉反差，造成不和谐。

正是由于环境美具有极为丰富的内涵，融合了艺术美、技术美、社会生活美诸多形态，跨越时间，整合空间，所以对环境美的欣赏就需要较任何单一的美欣赏更多的精力投入和更高的审美能力。

当然,不同的环境所需求的精力投入是不一样的。对一座森林的欣赏与对一幅森林画的欣赏不一样,欣赏一幅森林画,主要动用视觉,看就够了,而欣赏一座森林,则不能只是看,所有感觉器官都派上用场。平时在审美中几乎没有什么意义的嗅觉,在对森林的审美中,也有着重要的意义,清新的空气、鲜花的香味、腐叶的气息,都进入了你的美感享受。

芬兰的森林

对一座城市或乡镇进行审美欣赏,全部感觉的投入已经不算最重要的了,身历其境的体验还要加上对其历史与现状更为深入的认识,只有这样,才能充分地感受这座城市或乡镇的美。这个时候,审美能力的高低就明显见出差别,而审美能力涉及的决不只是表层次的审美感知能力,还有深层次的审美理解能力。而审美的理解能力又是与人的全面素质与修养相联系的。它在很大程度上受制于人的历史修养、哲学修养和文学修养以及对这个城市的情感态度与熟悉程度。住在北京和到过北京的人非常多，对北京的审美感受与审美解读则大相径庭。

环境美具有动态的变异性。严格说来，天地万物没有不变的，美也不能除外，但天地万物其变化的情况是不一样的。艺术美、科学美、技术美，相对来说，比较地稳定。环境美就不那么稳定，原因在于环境本身片刻不停地变化着。自然环境中，高山的骨架，大海、大河的基本形态一时半刻也许不会有太大的变化，但是，阳光、云雾却在不断地变化着，因为它们的变化，自然山水的色彩、面目也就相应地发生着变化。在黄山上观峰，一阵风过，白云涌了过来，白云将山峰淹没了，只露一个尖，此时，你会觉得这峰如睡荷，俏丽秀雅，但又一阵风过，白云散开，山峰全然裸露，就完全是另一种美学品格，或峭拔，或峥嵘，与俏丽秀雅根本联系不上了。社会生活也是变化的，其变化的情况非常复杂。有的体现为社会制度的改变，那是翻天动地的变化；有的只是表现为经济、文化、教育等生活方式的变化，体现为落后向文明、贫穷向富裕的演变。不管哪种变化都在影响着环境美。

## 第二节　环境美的生态性与文明性

从宏观来看，环境是地球生态系统的一个断面，它纳入整个地球的生态网络之中。之所以强调"地球"，因为据我们目前所知，尚只有地球具有生命，而且人类也只能生活在地球上。地球上的生态系统,可以分为两种关系系统:一是地球与宇宙的关系系统,二是地球自身各种存在物之间的关系系统。正是这两种关系系统,使得地球成为最适宜人类生活而且还是据目前所知唯一适合人生活的宇宙天体。

地球之所以具有生命,从根本上说,是因为地球和宇宙的其他物质处于一种特别有利于生命存在的关系中。地球上维持生命所需的许多条件都准备得恰到好处。生命是需要光能与热能的,这种能量来自太阳。太阳是个大火球,它与地球的距离平均是 1.49 亿公里,可以说恰到好处。太远,太阳提供给地球上的生命的能量不够;太近,地球上的生命就不能存活了。地球每 24 小时自转一周,白天与黑夜就交替了。如果地球一年才自转一次的话,地球的一边就会全年向着太阳,这一边就可能变成滚烫的沙漠了,而不见太阳的那一边就可能一直处于零下,在这种极端的环境之下,可以生存的生物寥寥无几。特别让人称妙的是地球与太阳相对倾斜的角度为 23.5 度,这个倾斜度造成春夏秋冬四季均衡轮转,四季分明。如果地球不是呈倾斜状态的话,就不会有四季更替,虽然人还不至于不能活命,但生活的情趣就减少了很多。23.5 度这个倾斜度正好,如果倾斜得多一些,夏季就会极端炎热,冬天就会极端寒冷。地球成为最适合生命生存的环境不仅因为它与太阳恰到好处的关系,还与它的大气层有重要关系,地球的大气层不仅提供了地球生命必需的各种气体,还有效地阻挡了太阳对生命有害的辐射。从审美来说,正是因为有了大气层,天空才如此绚丽多姿,变化万千,美不胜收。

更重要的，从地球上有机物与无机物的关系来看，地球上的生命的存在和发展与无机物有着不可分离的关系，人体的许多元素，就来自无机物。这里特别值得一说的是地球上有着极为丰富的水。众所周知，水是生命之源。水不仅是生命之源，而且是地球环境美之源。正是因为有了水，我们这个地球才充满着蓬勃的生机，充满着丰富的色彩，充满着魅力无穷的美。

地球上的有机物与有机物之间存在着极为重要的食物链，任何一种物种的灭亡或过度发展，都会影响到其他生物的生存。人类的过度繁衍，已经造成了生态的失衡，这种失衡反过来必将危及人类的生存。承认生态在环境美中的基础地位，将生态平衡看作环境美的题中应有之义，是非常重要的。

生态是环境美的基础，但任何美都是对人而言的，离不开人。没有人的参与或者说对人不具有任何意义，即使生态条件非常好，也没有美的存在。就环境来说，只要是环境，它就与人的生存和生活相关。首先，人与环境实行着能量的交换，恰如美国学者阿诺德·柏林特所说："我们与我们所居住的环境之间并没有明显的分界线。在我们呼吸时我们也同时吸入了空气中的污染物，并把它吸收到了我们的血液中，它成为了我们身体的一部分。"①更重要的是，人将自己的活动作用于环境，使环境打上人的各种不同意义和形象的痕

---

① ［美国］阿诺德·伯林特：《生活在景观中》，湖南科技出版社年 2006 版，第 8 页。

迹。这就是"自然的人化"。马克思说"通过工业——尽管以异化的形式——形成的自然界,是真正的、人类学的自然界。"①自然人化的产物就是人类文明。环境作为自然人化的产物必然具有文明性,这文明性也凝聚在环境美之中,成为环境美的重要性质。由于人的出现,整个地球的自然界与人的关系发生了变化,尽管不是所有自然物与人发生了直接的关系——物质的或精神的,但由于物质世界的联系性,很难将某一自然物孤立起来看待,从理论层面,我们可以说,整个地球上的自然界都成为了人的对象,都"人化"了。

从人类发展史来说,人的任何一种行动方式都积淀着深厚的历史文化内涵,都是某一特定人群生产力发展水平、生产关系形态、社会习俗及其他各种因素综合作用的产物。这种行为方式,体现着一定的文明水平,是环境的重要因素,也是构成环境美的重要因素。一个地方的环境美离不开这种文明性。

不同人群的生活方式,作为文明的积淀,有两种形态,一种是动态的,表现为一定的活动,包括生产活动、政治活动、宗教活动、艺术活动和各种日常生活活动。另一种表现为静态的物资,如房屋、服饰、艺术品、生产工具等。这两种形态在人的实在的生活中是结合在一起的,它们共同构成当地环境美的因素。

环境总是相对于主体而言的。人的行动方式对于行动的主体即自身来说,不是环境,但对于非行动的另一主体即

①《马克思恩格斯全集》第 42 卷,人民出版社 1979 年版,第 128 页。

敦煌月亮泉，沙漠中的绿洲

别人来说，就是环境。我们到苗族聚居的地区去旅游，对于旅游者来说，苗族同胞的生活方式就是环境。即使对于苗族居民来说，他的生活方式也具有两重性，当他以行动者的身份行动时，他的行动不是环境，但当他以欣赏者的身份欣赏同胞的行动时，同胞的行动对于他来说就构成了环境。

环境美学的哲学基础应是二：生态主义和文明主义。环境美的来源也应是二：生态和文明。这两者缺一不可，而且是结合在一起的。离开生态，人生存很困难，这环境当然谈不上美；但是，如果离开文明，"人"——脱离动物的人——文明人其实就不存在，生态也就没有意义。

## 第三节　环境美的真实性与生活性

环境当其作为欣赏对象时类似于一幅画，所以加拿大学者艾伦·卡尔松提出景观欣赏具有"如画性"。① 这一观点，意思是说，景观具有艺术美的一些性质。这当然是不错的，但是，环境构成的景观与艺术形象有一个很大的不同，景观是真实的存在，而艺术形象是虚拟的存在。

绝对的真实性是环境美的一个十分重要的特性。说它绝对，是指它的存在是物质性的，是实际的存在。艺术不是不要真实性，真也是艺术美的重要品格。但是艺术的真实性是一种虚拟的真实性，它的真实性是按艺术规定的法则来认定的。不同门类艺术的真实性有不同的要求。中国的京剧，它的真实性是象征性的，一片桨叶，只在演员手中划动，就意味着在划船了。

环境美的真实性联系着它的生活性。环境的基本功能为人们的生活提供必须的条件（如场地、空气、水等）。也就是说，环境于人，首先是让人活着。在一定的环境中实际地生活着，在实际的生活中审美。这是环境美欣赏的重要特性。

生活性中，居住是核心。有关环境的各种科学，都应以居住为核心。本书谈环境的生活功能，有时用"居"来概括，意味着以居住为核心的生活。

广义的"居"不只是"住"，也包括工作。居住环境与工作环境还是有所区别的，比较适合于居住的环境不一定适合于工作，而比较适合于工作的环境不一定适合于居住。当然，

① 参见［加拿大］艾伦·卡尔松：《自然与景观》，湖南科学技术出版社 2006 年版，第 94 页。

我们希望的是这二者的统一，而且我们也明白，良好的工作环境某种意义上讲，其重要性并不低于居住，尤其是对正在创业的年轻人来说。

值得说明的是，工作环境的好坏很大程度上是针对个人或某类人而言的，对于从事电子专业的人来说，深圳也许是优秀的工作环境，而对于从事演艺事业的人来说，深圳就未必是理想的工作环境。当然，这些情况也可能会变，某一天，因某种机缘，深圳成为了中国的好莱坞。这种事，谁能说得定呢？工作环境的事，较多地决定于环境中的某些软件，软件变数很多。居住环境就不同了，居住的问题较多地决定于环境中的硬件——自然条件、历史文化底蕴之类。这些硬件当然也会有变数，但变数很小。环境的基本功能是生活，生活的核心是居住，因此，我们谈环境问题，主要是谈环境的硬件问题。

中国的风水学，十分重视环境的居住功能，并且将居住环境看成是关系人吉凶祸福的决定性因素。它的种种说法大体上分为两类：一类重在实际的居住功能，如采光，通风、出行等；一类重视环境的心理暗示功能，通过一种神秘的象征揭示环境的对人的吉凶关系。风水也将两者结合起来，既重视环境的实际功利又重视环境的心理暗示。中国风水学将环境归结为许多模式，最为理想的模式是：宅左有流水，谓之青龙；宅右有长道，谓之白虎；宅前有水池，谓之朱雀；宅后有丘陵，谓之玄武。这种格局包含有丰富的文化内涵。从实用功能来说，这种左有流水，右有长道，前有水池，背后有青山的环境的确不仅是安全的，也是利于出行，利于做事的；从文化意蕴来说,它隐含位尊的意味:左右护卫前呼后拥;从审美的维度来说,此种格局有山有水,景观优美,视野开阔。中国风水学不管是阳宅还是阴宅都非常看重明堂,对于阳宅来说,明堂是屋前场地,有大明堂、中明堂、小明堂之分。《阳宅十书·宅处形》云:"明堂当容万马。"之所以重视明堂,一是看重视野,利于养气,拓展胸襟;二是注重宅院的进深,体现出宅院的气派,也有利于安全。现在的屋宇由于过于看重土地的实用价值,大抵不给屋前留下较多的空地,视野迫促。中国风水学特别看重自然环境的象征作用,其中有迷信的成分,不过,这里面有两层内涵却又是不能轻易否定的,一是它重视自然生命的意味,在中国风水学看来,以青龙、白虎、朱雀等动物来比喻青山,意味着这个地方是充满生气的。至于水,它本就是生命之源,风水学十分看重水,对水做了许多分类,虽然分类很细,但它强调的是清水、流水、活水,给人带来吉利的水。山水如此充满生气,意味着此地生态状况良好。另外,这种借喻具有明显的美学意味,如果不把它认同为实际的利害,那么,它也能给人带来美的享受。中国的风水学实际上也是中国古代的环境美学。

## 第四节　环境美的根本性质:家园感

环境的生态性、文明性、宜人性是从不同的维度说的。生态性,持的是科学的维度,它立足于人类的立场,是人类与自然的统一;文明性持的是人文的维度,它立足于人类某一族群的立场,这族群主要指的是民族,不同的民族有不同的生活方式、不同的生产方式、不同的生活水准、不同的观念形态，这样所构成的环境，显示出民族文化的特色。宜人性则兼自然与人文两个方面的内容，主要立足于个体生命的立场，重在环境对生命包括肉体生命与精神生命两者的意义。

人在兼具生态性、文明性和宜人性的环境中生活，这样的环境于他就是家。家园感，这是环境最根本的性质。

环境对于人具有极其重要的意义：我们可以从许多不同的维度来认识。从人类生命的维度来看，环境有两个方面的重要意义：

第一，环境是人的生命之本。人是环境的产物，这环境首先是自然环境，维持人的生命的最基本的物资材料包括空气、水、食物无一不是来自自然。人的肉体的任何元素也都是自然物质化合而来，从这个意义上讲，自然环境是人的自然生命之源。

人是群体的动物，这群体就是社会，虽然自然环境给了人自然的生命，却是社会环境给了人社会的生命。离开自然环境，人就没有了自然的生命，而离开了社会环境，人就没有社会的生命。

人的生命也可以分为物质生命和精神生命两方面，物质生命即肉体生命，主要来自于自然界，但人类维持肉体生命所需要的物质资料的生产，其实是不能离开整个社会协作的，因此，也可以说人的物质生命来自于自然与社会的合作。人的精神生命是人的生命高于动植物生命所在，它同样来自自然与社会的协作。因此，不仅从自然生命和社会生命的产生来说，而且从物质生命与精神生命之源来说，环境都称得上是人的生命之本。

第二，环境是人的发展所托。环境不仅造就了人的生命，而且人的生命要发展，也必须依赖环境。环境在不断地变化着，人类为了自身生命的存在与发展必须要适应环境，否则就会为环境所淘汰。地球上曾经存在过的许多生物就是因为不能适应地球上的变化而消亡了。从这个意义上讲，正是环境不停地运动这一不容置疑的铁的法则迫使人类不能消极地生存，而要积极地生存，所谓积极的生存就是强化或激发适应环境的正能量，弱化或抑制不适应环境的负能量，在顺应环境中发展生命，这种发展其实也就是生存，积极地生存。可以说，正是环境自身的运动和变化给了人类生命发展以原动力。人类的发展需要智慧，人类智慧的根本源头也来自环境。环境中，自然是基础。人类智慧之一的自然科学即是自然界运动规律的相对正确的揭示。社会也是环境，亦如自然，社会也有其客观规律，对这种规律的认识，构成了人类智慧的另一个重要组成部分。

人类的发展与环境的发展息息相关，一方面，人类从环境中获得原动力和智慧；另一方面，由于环境中本也有人，人参与了环境创造，所以，人的发展也推动了环境的发展。

家，是生活的概念，也是哲学概念，是这两者的统一。但是，对于环境美学来说，生活性是基础，"家"是实实在在的生活概念。

环境美的根本性质是家园感，家园感主要表现为环境对人的亲和性、生活性和人对环境的依恋感、归属感。

人对环境天然地有一种依恋感。美国学者段义孚（Yi-

Fu Tuan)将这种感情称之为"恋地情结"（Topophilia）①。这种对大地的依恋感既好像儿女依恋母亲又好像夫妻相互依恋。这是一种类似于对家庭的依恋，所以我们将这种依恋感称之为家园感。

家园感作为人类的一种本质性的情感，是可以细分为若干层次的：

（一）从人类学意义上所体现出来的人类对自然对社会的依恋。这就是我们上面说过的人类与环境的那种生命关系，这种关系激发出一种对自然对社会的情感。这种情感相对来说，比较地理性化，也比较地抽象。

（二）从伦理学意义上所体现的对祖国、对民族发源地、对故乡、对亲人的深深依恋。前苏联教育家苏霍姆林斯基说："我们应尽力使每一个学生在青少年时期真正看到田野、树林和河流，到过那些无名的、偏僻的角落，因为正是这些东西的独特的美构成了我们祖国的美，我们挂着棍棒，背着行囊，到家乡各地去旅行。这些旅行跟阅读好书一样是不可缺少的。只有青少年时期在家乡的土地上作过几公里旅行的学生，他才能体会到祖国的美，对祖国怀有眷恋之情。"②这种情感的对象，可能是整个祖国大地，也可能就是自己的家乡。唐代诗人杜甫（712—770）安史之乱时流落四川。他十

---

① ［USA］Yi-Fu Tuan, *Topophilia*, *A study of environmental perception*, *attitudes and values*. 1974, by Prentice-hall Inc, Englewood Cliffs, New Jersey. p92

② ［前苏联］苏霍姆林期基：《和青年校长的谈话》，上海教育出版社 1983 年版，第 107 页。

分地思念家乡,在诗中,他写道:"露从今夜白,月是故乡明。"此时,他的心中所依恋的"故乡"是有妻儿老小的那个故乡,那个故乡的象征就是那轮照耀着他家屋顶的明月。

(三)从人生哲学意义上所体现出来的对自然山水的依恋。孔子(前551—前479)说:"知者乐水,仁者乐山。"属于此类。又如《世说新语·任诞》载,中国晋代(265—420)名士王子猷在临时租借的住宅周围种竹,人皆不解,而王子猷啸咏良久,直指竹曰:"何可一日无此君。"

(四)从心理调控意义上体现出对自然山水的依恋。如,美国著名哲学家乔治·桑塔耶纳说:"自然也往往是我们的第二情人,她对我们的第一次失恋发出安慰。"①

(五)从实际的生活意义所体现出来的对自己所居住的环境的依恋。

以上五点中,前四点均有较强的精神性,而第五点则侧重于生活的实在性。

珍惜环境,就是珍惜我们的家。

环境有大有小,看以什么样的主体身份和从什么角度去看,如果以人类为主体,那么,地球是人类的环境。如果只是以一个住宅小区的居民的身份为主体,那么,这个住宅小区就是你的环境。

各种不同层面、不同意义、不同大小的环境都是我们的家。地球上的所有环境是彼此联系的,它们有着或远或近、

---

① [美国]乔治·桑塔耶那:《美感》,中国社会科学出版社1982年版,第41页。

或亲或疏、或显或隐、或大或小的关系。

保护、珍惜任何地方的环境，都是在保护、珍惜自己的家。

环境的基础是自然，但任何环境均与人相关，因而均具有一定的社会性。因此，我们谈环境是兼合自然与社会二者的。没有较高质量的社会环境，就很难保护好自然环境。一个城市如果自然环境、历史环境遭到严重破坏，除开不可克服的自然的或社会的原因外，很大程度上是这个城市社会环境比较糟糕，城市管理者的人文素质较低。

环境作为人的家园，既是空间的，也是历史的。历史既是自然史，更是人文史。人类现在的环境，既是自然变化的产物，也是社会发展的产物。现实存在的任何具体环境，无不是自然史和人类史的结晶。一部家园的变化史就是自然与人类合力史的集中而又精美的显现。只要稍许想想人类如何从蛮荒中走出来创造文明的历史，心中就充满着激动与

福建漳州云水谣山村

自豪。从这个意义上讲，环境作为人的家，既是温馨的，也是崇高的。

自然环境与自然资源往往是同一的。自然作为资源，它是人类开发的对象，作为环境，它又是人类的家。这里，切切要处理好二者的关系。人不可能不开发资源，但不能将开发变成掠夺。开发与掠夺的根本区别在于，心中有没有"家"的理念。有"家"的理念，就有"不忍之心"，哪怕对没有生命的无机自然界。如果没有"家"的理念，就会没有"不忍之心"，不仅会肆意残害自然生灵——动物、植物，也会肆意残害自己的同类——人，为了争夺资源，地球上不是每天都在演绎着杀人的游戏吗？

值得强调指出的是，人类只是地球上的公民之一，人类无权也无力独霸地球。基于人类与自然界诸多的有机物、无机物存在着极为复杂而又精致的生态关系，即使仅为了自身的利益，人类也不能不考虑其他有机物、无机物的生存状态。从生态平衡的意义上讲，人与其他生物，完全是平等的，都是生物链上的一环，所有的环其重要性是一样的。

基于自身的生存和发展，人不可能不侵害别的生物。但是，这种侵害必须以维持整个地球的生态平衡为前提，而为了维护这种生态平衡，人类必须克制自己的贪欲，必须将征服自然的行动控制在一定的程度之内。在某种情况下，为了生态平衡这一宇宙生命整体的利益，人还必须做出一定的牺牲。

以人为本是相对的，不是绝对的；是有前提的，不是没有前提的。维护好、建设好良好的生态平衡，表面上看，是让利于其他生物；从根本上来讲，是让人更好地生存、发展。维护、建设良好的生态平衡，是以人为本的最高体现。

人类必须在观念上明确，地球不只是人类的家，也是其他诸多生物的家，是我们共同的家。维护地球整体上的生态平衡，就是珍惜我们的家。

# 第三章　环境美的本体
## ——景观

　　我们在上文谈到环境有美，环境美体现在哪里呢？在景观。

　　环境与景观是两个不同的概念。它们都离不开人，但意义不一样。环境离不开人，指的是离不开人的生存与生活，景观离不开人，指的是离不开人的情感创造。环境是科学的概念，景观是美学概念。

## 第一节　景观生成：自然创化与自然人化

　　景观作为环境美的存在方式，它由两个方面的因素构成：一是"景"，它指客观存在的各种可以感知的物质因素；二是"观"，它指审美主体感受风景时种种主观心理因素。

　　就客观的物质要素来说，景观的景是由诸多因素构成的。

　　首先是自然因素。自然因素在不同的环境类型中所占的地位是不同的。在自然环境中，自然因素占绝对优势；在人文环境中，自然因素占的地位就不那么突出了。但不管是哪种环境，自然因素占的地位都是重要的。自然因素的内容极为丰富，大致可以分为六个系列：地貌系列：山体、峰峦、土地、平原、石头、沙漠等；水面系列：河流、溪涧、池、湖、海、冰霜、雨雪等；植物系列：树木、花卉、草地等；动物系列：飞鸟、走兽、昆虫等；天象系列：日、月、星、云、霞、虹等；气象系列：阴、晴、风、雨、雪等。

就景观意义上来说，自然诸多因素中，树林最为重要。大凡有大片森林之处，景观必美。次之为草地。在沙漠中行走，远远看见一片树林，哪怕只是矮小的灌木、浅浅的草地，也让人们心情为之一爽。有树林有草地的地方，必然有动物在栖息、在生存，必然充满着生机。

在美的一般性质中，生机是最为重要的。黑格尔强调自然美美在生命。关于美在生命，我们可以分为四个层面去理解：（一）实在的生命。（二）生命存在的条件。（三）生命的意味。（四）生命的象征。

关于生命存在的条件，最为重要的是空气和水。所有的生命都要呼吸，因此新鲜清洁的空气对于生命的存在与延续来说，十分重要。由于空气不具视觉性，在审美的意义上，它不如水。水是生命之源，没有水就没有生命。而且水的审美效应极为强烈，不论是浩荡的江河，还是涓涓溪流；也不论是一望无际的大海，还是奔泻而下的飞瀑，水的任何一种形态哪怕是固体形态——冰雪，都具有极高的审美价值。中国的风水理论中，水占有极其重要的地位。风水之本在水。中国东汉的风水大师郭璞《葬经》云："风水之法，得水为上，藏风次之。"中国古人欣赏自然景观，总是将它联想到生命，这是中国古代美学的一个特点。宋代画家郭熙说："山以水为血脉，以草木为毛发，以烟云为神彩，故山得水而活，得草木而

华,得烟云而媚。"(郭熙:《林泉高致》)

湖北来凤山水风光,静谧,绚丽,亲和

其次是人文因素,人文因素指人造景观。人所创造的一切都有可能变成景观。人文因素内容也很丰富,大致也可分成四个系列:建筑系列;生产成果系列;艺术作品系列;人物活动系列等。

在以上诸多人文因素中,建筑显得特别突出。建筑凝聚着这个地区人们的民族风尚、艺术才华、历史底蕴、宗教特色。环境美的欣赏相当一部分属于建筑的欣赏,与之相关,人类在创造自己的环境时,也都把建筑摆在十分重要的地位,尽善尽美地展示自己的才华与文化理念。

在欧洲最重要的建筑是基督教、天主教的教堂,它是欧洲人文环境的主要标志。欧洲教堂的建筑极为精美,每一个细节处理都独具匠心,且都与宗教文化相关,比如教堂的窗户,都装饰着彩色玻璃,营造出迷幻神秘的气氛;教堂的尖顶，一无例外地刻意追求高耸，在视觉效果上引领人的灵魂升向天国。中国的传统文化比较重视世俗人生，宗教建筑也多平面展开，紧紧地依靠着大地，透出红尘的温馨。

德国柏林大教堂

建筑是静态的，人物活动是动态的。两者结合，最能见出人文环境的特色。欧洲的广场一般在市议会前面，市民们喜欢在这里集聚，议论国家政治。从某种意义上说，欧洲的民主政治就孕育于广场。在中国最能见出中国文化特色的人物活动场所是祠堂，是孔庙。祠堂体现出家族的威严，孔庙见出儒家礼乐文化的尊贵。中国人聚会，通常最多是祠堂、孔庙，另外，还有道教和佛教的寺观。

因素之三是科技因素。从逻辑来说，科技因素是不能与自然因素、人文因素并列的，科技因素就体现在以上两种因素之中。对于自然环境来说，科技的作用，一般体现为科学研究、农业生产、环境治理等。它不直接体现出来。如果说，科技因素在自然环境中的体现主要为间接的隐晦的话，而它在人文因素中的体现则大多是直接的，明显的。事实上，科技影响着人们的一切生产活动与日常生活，也在相当程度上影响着景观。

景观之景所构成的诸多因素，其生成不外乎自然创化与自然人化。自然创化指的是自然的伟力。自然伟力是神奇的，它对地球上一切可以称之为景观的自然物之安排无不恰到好处，无不美妙绝伦。去河西走廊，你打量这祁连山，山峰逶迤腾挪，一条大体有致却又不重复的曲状天际线横卧在天边，似是随意挥就，却又处处见出匠心。张掖有一块丹霞地貌，大片以红色为基调或红白相间或红黄相映的丘陵，组成一面浩瀚的海洋。色彩的和谐、纹饰的有序，让人叹为观止。自然界的匠心也许最能在动物身上见出了，且不说蝴蝶翅膀是如何的艳丽，变化万千，也不说斑马身上的黑白纹饰是如何变化有致，让人叹为观止，就拿中国人最感亲切的大熊猫来说，那憨态可掬的神情让人极为痴迷，除了黑色的大眼睑是差不多的外，身体上黑色斑块绝没有相同的，大自然似是漫不经心，然无不妙不可言。

景观客观因素的生成，除自然伟力外，就是人力了。人当之无愧是这个地球上万物之灵长。他是自然造化最好的学生，在师法自然的过程中，人创造了地球上原本没有的文明。文明的外在现象、可以供我们观赏的部分，也成为了景观的组成部分。从本质来看，景观既是自然创化的产物，也是自然人化的产物。一般说来，自然景观的造成，是自然伟

美国著名风景：死亡谷

力所致，但人的力量也在有限的范围内、一定的程度上发挥着作用。城市中那一排排整齐的行道树、动物园中那人工哺育的狮虎，不就是自然人化的产物？对于这种自然人化的景物，我们顶多只能给个及格分。至于像建筑、飞机、火车这样的景观，那当然是文明的产物，虽主要是文明的产物，但也有自然的伟力在发生着作用。没有大地的支撑，能有建筑吗？没有空气的作用，庞大的飞机能在天空自由飞翔吗？

　　强调景观是自然伟力与自然人化即文明共同的产物，目的是，在我们试图将环境建设成景观时，能更多地尊重自然，同时也更多地发挥人的作用。也许这似是空话，但是，我们只要将眼光投入到大地，触目皆是工程，那是在创造财富，也是在创造景观啊！能不能将这景观创造得更切合自然规律一些，更符合人性一些，换句话说，更美一些，不是有诸多问题值得我们认真对待吗？这其中就有自然与文明关系的正确处理。

　　法国著名学者米歇尔·柯南说，谈到景观，你可以套用圣·奥古斯丁谈论时间的经典语句——如果你不问我景观是什么，我非常清楚景观是什么，一旦你问我，我却顿时难以说清。尽管如此说，米歇尔还是有一个回答。他的回答是"景观既是自然，也是文化"①。这话是深刻的。他用这观点说到他的合作伙伴、环境艺术家贝尔纳·拉絮斯的作品，他说："贝尔纳·拉絮斯是一位艺术家，景观就是他的作品，这些景观会使你在无意间进入自然与文化的游戏之境。"②

## 第二节　景观的开显：心境与诠释

　　景观生成与景观开显是两个不同的概念。

　　景观生成是自然创化与自然人化共同的产物，自然创化来自自然的伟力，自然的人化来自人的劳动（体力的劳动与脑力的劳动）。自然创化创造着景观之体，自然人化创造着景观之魂。由自然与人共同创造的景观是具有审美价值的，但是，在没有人对它进行欣赏的时候，它只是作为一种潜能而存在。只有能理解它的欣赏者出现之时，景观的审美潜能才开发为审美的现实。

　　景观虽美，也需要知音！

---

① ［法］米歇尔·柯南：《穿越岩石景观》，湖南科学技术出版社 2006 年版，第 11 页。
② ［法］米歇尔·柯南：《穿越岩石景观》，湖南科学技术出版社 2006 年版，第 11 页。

正如柳宗元所云："美不自美，因人而彰。"(《邕州柳中丞作马退山茅亭记》)

景观的审美价值由潜在形态转化为现实形态，我们将它叫着景观开显。景观的开显具有很强的主观性。虽然开显的内容从根本上来说，受制于环境所拥有的审美潜能，但开显的向度、深度和审美品位在很大程度受制于审美者个人的审美修养。

人心不同，其异如面。从峨眉山旅游归来，每个人心中都有一座峨眉山。

审美开显实质是环境的审美诠释，这种审美诠释受到诸多方面的影响，也呈现出多种形式：

第一，艺术参照。景观的创造中，人们总是自觉不自觉地运用艺术意象作为参照物。换句话，人们总是自觉或不自觉地按照艺术意象的构成法则在选景、框景和彰景。所以一定的艺术修养对于环境审美来说是非常重要的。

以艺术意象作为参照来欣赏环境，主要有四种方式：绘画效应、雕塑效应、音乐效应、诗歌效应。这四种方式意思是将环境当作绘画、雕塑、音乐、诗歌来欣赏。能够这样做，当然需要有相应的艺术修养。

在以上说的四种艺术效应中，绘画效应是最一般的欣赏模式。我们通常说的"江山如画"就是按照画的模式来看山水了。如同画家总是将自然景观看成一幅画一样，音乐家总是将美丽的风景看成一曲音乐，而诗人又会因它触动诗情，将对山水的感受转化成动人的诗句。

较之绘画效应，音乐效应和诗歌效应是较高层次的心理

土耳其著名景观：棉花堡，远眺就是一幅美丽的图画

感知。能在对山水的感知中领会出音乐的韵味，激发出诗情，那是需要较好艺术素质的。

人天生具有艺术才情，普通人是无需担心自己欣赏不了山水的。

第二，道德比喻。从道德的立场欣赏自然山水是中国的审美传统，号称"比德"。早在先秦，孔子（前551—前479）就有"知者乐水，仁者乐山"，"岁寒然后知松柏之后凋也"等说法。中国古典美学"比德"的审美观念，不仅影响到绘画，也影响到景观的创造。比如，某所宅院，屋前屋后，掩映着苍松翠竹，不须见上主人，凭这景观，就能感受到主人的襟怀气度了。

第三，哲理遐思。影响到景观创造的主体因素不只是艺术观念和道德观念，还有哲学观念。自然界的种种现象包括它的变化，都与社会人生暗合，因此，从山水中悟道，是哲学家们最自然不过的思辨方式。东晋诗人陶渊明（365—427）就从"山气日夕佳，飞鸟相与还"的景观中，有所感悟，觉得"此中有真意"，叹息"欲辩已忘言"。北宋大学者苏轼（1037—1101）在欣赏庐山风景时，吟诗道："不识庐山真面目，只缘身在此山中。"他还是找到比较合适的语言来表达从山水中悟得的"真意"了。

第四，心绪涂染。心绪仿佛一柄大板刷，将所有的景观刷上同一种色调。心绪好时，山欢水笑；心绪坏时，云惨雾愁。心绪对景观开显的影响有两种情况，一种是当下的情绪，它具有偶发性、不稳定性，来得快，去得也快。就像在南岳衡山看群峰，一阵风吹来，云从四面八方涌过来，将阳光遮得严严实实，群峰色彩变深了，黑乎乎一片；又一阵风吹来，云向四面八方散开，阳光又照耀着山岭，群峰闪耀着璀璨的金色。心绪的另一种状态为心境。心境是主体一段时间的情绪状态，相对较为稳定。这种状态对景观的影响更值得关注，因为它有较深层次的思想意义。如果不是思家过甚，杜甫（712—770）哪能吟出"月是故乡明"这样不合逻辑却合情理的警策之句？而杜甫吟出这样的诗句，不只是才华所致，也是时势所致，从这诗句，我们更多的不是去欣赏杜甫的才华，而是去体察安史之乱时那动乱的社会时势。

以上四种情况是比较普通的，除此以外，经济、宗教、政治等意识形态对景观开显也有一定的影响。这中间，宗教对景观开显的影响尤其突出。禅宗的"灯录"云："问：如何是和尚利人处？师曰：一雨普滋，千山秀色。"（普济：《五灯会元》

卷二:"天柱崇慧禅师")"一雨普滋,千山秀色"是说山水之美么? 是,又不是。此话是用来回答"如何是和尚利人处"的。普通人看到"一雨普滋,千山秀色",大概不会想到"和尚利人处",只有禅师才这样想。读毛泽东诗词,我们发现,毛泽东习惯于用政治家的眼光看这个世界,比如,他眼中的北国雪景,是这样的:"山舞银蛇,原驰蜡象,欲与天公试比高。须晴日,看红妆素裹,分外妖娆。"雪景还是雪景,但所开显的境界分明具有浓郁的政治意味。

影响景观开显的主观因素很多,难以备述。这些因素有些是有迹可寻的,有些是无迹可寻的,无迹可寻的多是偶发性的。凡此种种,增加了景观开显的多样性,变异性。

清代学者李渔说:"才情者,人心之山水;山水者,天地之才情。"(李渔:《笠翁文集·梁冶湄明府西湖垂钓图赞》)

一片情景就是一片风景。情景无限,风景无限!

## 第三节 景观的范型:奇异与亲和

就环境美学的维度来看景观,主要有两类:一类是主要供旅游者欣赏的景观,另一类则主要是供居住者欣赏的景观。当然,也有夹在两者之间或兼有两者的景观。人们对这两类景观的要求其实是很不同的。

作为旅游者需要的景观,其基本的特色是奇异。

天下谷壑并不罕见,但科罗拉多大峡谷的雄浑与气势却少有可比,因而它奇;天下山峰比比皆是,然张家界的峰峦其造型与风格却别具一格,因而它异。自然界的奇异景观常在险远，只要这险尚有办法克服，旅游者常乐于一试。在他们看来，这是生命中难得的体验。

科罗拉多大峡谷

奇异在美学上称之为"崇高"。崇高是审美的一种，这种审美形态，按康德的看法，或以体积或以力量取胜。除此外，它还有一个突出特点，那就是对人的心理实施威压。人在面对这种景观时，心理活动是激烈的：先是惊怖，继是抗争，最后以人对物（奇异景观）的心理战胜而结束。经过这样一番心理波动后，人会感到特别的愉快，并从中获得诸多的启迪。

奇异景观能充分满足人的好奇欲、探险欲、征服欲，它的存在无疑具有非凡的审美价值。

奇异景观是旅游者对景观的要求，而对于居住者来说，他们对景观的要求则是亲和。

家居风景以优美为主。优美是与崇高相对的审美范畴。

这种审美类型的突出特点是柔和，是清雅，是精致，是曼妙。它是朗月清风、林间小溪、妙龄少女、稚气儿童……俞文豹的笔记《吹剑续录》，记载一段佚事："东坡在玉堂，有幕士善词讴。因问：'我词比柳词何如？'对曰：'柳郎中词，只好十七八女孩儿执红牙板唱'杨柳岸晓风残月'；学士词，须关西大汉执铁板唱'大江东去。'公为之绝倒。"这柳郎中（柳永）的词是婉约派的代表，美学上属于优美了；而苏学士（苏轼）的词是豪放派的代表，美学上属于崇高了。苏东坡颇以自己词豪放而自居，他曾经嘲笑秦观的词是"女儿诗"。当然，从学术上来说，豪放与婉约没有高下之别，它们只是分别代表不同风格罢了。人的审美心理，既需要振奋，也需要温婉。欣赏崇高风格的景观或诗词，人的心理是激昂的，而欣赏优美风格的景观或诗词，人的心理是温馨的。

家居景观绝对不能追求奇异，奇异虽让人振奋，却也让人心灵因过于激荡而受到伤害。崇高感虽然最终让人感到愉快，但欣赏的过程中是有惊怖，有痛感的。居家欣赏风景还是少些惊怖、没有痛感的好。

笔者曾多次游历过名之曰"山中钟馗"著名风景区张家界，那山，确实奇特，欣赏过程中很让人兴奋。然入夜，步出酒店，来到景区，那白天看了很可爱的山峰变得面目狰狞了。心想，在此住家可不行。

出游与居家，对景观的要求确实不同，出游，寻的是奇异，居家要的是安逸。奇异能让人振奋，却也很易让人倦怠。安逸虽然平易，却让人放心。

千万不要轻看家居景观的平易，平易最可贵的品格是真实，是素朴，是简洁，就像邻家女儿，日常间没有浓妆，也不艳抹，本色天然，虽不能让人惊艳，却透着清纯，让人感到舒服。

更重要的是，家居景观因为跟居家联系在一起，在长期的耳鬓厮磨之中，人们将更多的情感移到这景观之上，它成为家园的标志，亲情的标志。试想想，假如你家院子有一棵柿子树，它称不上奇异，也算不得漂亮，远远不能与黄山松相比。然而，黄山松，你也许看一次就够了，这柿子树，你却永远看不厌。

用饮食来做比喻，家居景观犹如家常饭菜，虽非山珍海味，却让人齿颊生香，津津有味。

也许有人觉得这家居风景是太平易了，于是自己动手做些景观。这当然是可以的，而且应该提倡。家居风景虽然不必追求奇异，却不是不可以提高品位的。值得一说的是，家

日本家居风景

居景观的品位，其实也没有统一的标准，随意，而且是随主人之意就好；舒服，主要是让主人舒服就好。

日本家居，因为各种限制，门前几无寸土，但日本人用瓮罐或木桶装土栽上花木，摆上盆景，将门口打扮得花团锦簇。即使连种花也不行，只要屋前屋后收拾得干净清爽，日借蓝天白云、晚借清风明月，也能收获到一份可心的愉快。

虽说家居景观以优美为主，但不排除在优美的景观中添加一些崇高的因素，比如，屋前屋后多是参差的花丛，碧绿的草地，如果有那么几棵高大的乔木特别是苍松，也特别好。门前当然最好不要有悬崖峭壁，但远方何妨有群山连绵，云封雾罩，以寄胜概。在嘉峪关做客，住的酒店，开窗遥见白雪皑皑的祁连山，顿觉神清气爽，志气凌云。

因为现在城市中多是以小区为家，很少有单门独院，所以，小区中的景观就称得上家居景观了。小区景观，不太可能让每一住户满意，不过，还是希望有些特色才好。目前中国城市小区中的景观设计，几乎都没有特色，设计师大多喜欢在小区内做一个类似苏州园林式的盆景。此种景观十分虚假且不说，最大的问题缺乏生机，既不平易，也不亲切。

## 第四节　景观欣赏：对象性消除

环境美的本体在景观，环境审美实质是对景观的审美。西方美学家对景观的审美方式很是关注，提出了诸多审美方式，其中主要有美国学者阿诺德·伯林特的"参与模式"和加拿大学者艾伦·卡尔松的科学认知模式。

阿诺德·伯林特从批判传统的美学观入手，传统的美学观建立在康德的审美无功利的立场上，强调审美的认识性、客观性、静观性，偏执地将人的感官分为远感受器（distance receptors）和近感受器（contact receptors），远感受器以视、听为主，专属审美，近感受器所包括的触觉、嗅觉、味觉则仅为人们的日常感知器，并不具有审美属性。柏林特认为，这种看法是错误的，在环境审美中，人的身体全面地与对象感触，不仅有视觉、听觉的参与，还有触觉、嗅觉、味觉的参与。他认为，"近感受器的感官是人类感觉中枢的一部分，在环境体验中扮演积极的角色"①。他认为，"人类环境，说到底是一个感知系统，即由一系列体验构成的体验链。从美学角度而言，它具有感觉的丰富性、直接性和当下性，同时受文化意蕴及范式的影响，所有这一切赋予环境体验沉甸甸的质感。"②他鼓励人们全身心地投入环境，拥抱环境。他说：

> 要欣赏环境的内在知觉价值，我们必须参与到其中去。对环境的欣赏，并不仅仅是赞许地看着美丽的风景，而应该包括在蜿蜒的乡间小路上驾车，在幽静的小道行走，在可爱的溪流中戏水，以及在所有的这些活动中感受到声音、气味、太阳与风、颜色与外形的细微差别。同时在深深的感触中，发现

---

① ［美］阿诺德·伯林特：《环境美学》，张敏、周雨译，湖南科学技术出版社 2006 年版，第 18 页。
② ［美］阿诺德·伯林特：《环境美学》，张敏、周雨译，湖南科学技术出版社 2006 年版，第 20 页。

在当今世界上，能生活在一个与自然亲密接触的地方是多么的可贵。这种感触是在我们与自然结合的过程中，通过我们的肌体感觉产生的。结合是一个很好的词，因为它在字面上的意思是我们身体的参与，这种参与在总体意义上而言就是环境审美。①

在土耳其安塔尼亚海滨欣赏大海，完全为她陶醉了

加拿大学者艾伦·卡尔松赞同阿诺德·伯林特对环境审美的全身性参与，但是，他还强调对环境的审美要有一种科学认知的立场，不是将环境当作艺术品来欣赏，而是试图从所感受的对象中找到环境的本然。这种欣赏需要有一定

① ［美］阿诺德·伯林特：《生活在景观中》，陈盼译，湖南科学技术出版社 2006年版，第10页。

的自然科学知识特别是地质学、生物学和生态学的知识为依托。表面上看来，他们似有分歧，但实际上是统一的。他们有一个共同的立场：都将环境看作对象，只是一个强调要介入到对象中去，更好地、更充分体验对象；而另一个则认为，不能只介入到对象中去，还要从对象中跳出来，以便更好地认识对象。

环境审美是这样的吗？

笔者认为，环境审美并不是这样的。一个明显的事实，我们是在环境中生活，虽然周遭全是环境，我们并没有将它们当作对象来欣赏，当然，偶尔我们也会将自己周遭的环境当作对象来欣赏一番的，比如，此刻我放下工作，抬起头来，会欣赏窗外的树林。但这种欣赏只是偶尔，尽管我时时面对着这树林，但绝大多数情况下，我们并没有特别感知到它们的存在。

环境是生活的一部分，生活是不存在对象性的，生活中的审美是一种非对象性的审美，非对象性并不是说无对象性，是说对象性的消融，对象性消融到哪里去了？消融到生活本身去了。环境的意义主要在居，我们在居之中生活着，也在居之中审美着，居之中有审美，审美即在居之中。

特别值得一说的是，当环境是美好的环境之时，人们是不会总是感觉到环境的存在的，空气很清新，谁又会去关注空气？我们在这环境中生活，环境与我们没有分离，或者没有去觉察它的分离。而当环境出了一点情况，不是对人的肯定而是对人的否定之时，人们就会特别地感觉到环境的存在，将环境与人分离开来了。比如，空气有些脏了，鼻子不舒服,我们就会说这空气有些问题。

　　通常的审美,是有对象存在的,对艺术的审美就是如此,然而环境的审美有些不同,环境的审美可以将环境当作对象来审美,如阿诺德·伯林特和艾伦·卡尔松所描绘的那样,但也可以不将环境当作对象来审美,而是在与环境合一的生活中感觉到美。也许,这后一种审美更切合环境的本质。

　　环境的审美需不需要有科学认识的内容? 有,当然可以,一定的科学认知如对环境地形地貌有一定的了解,对周遭的树木、花草有更多的知识,对于环境的审美是有好处的,但是,不能将它当作环境审美的目的。环境审美不是科学考察,科学考察,以获取相应的科学知识为目的,而环境审美的最终目的是更好地生活。当然,如果我们拥有足够的关于花木的知识,我们屋子周围的花木也许会经营得更好一些,这样,我们的生活更有情调,更有品位。

　　环境审美当然也可能属于哲学启迪、道德感化方面的内涵。但同样,它们也不是环境审美的目的。它们在我们生活中的作用,顶多也就好比是在菜肴中撒上点葱花,加上一点酱醋罢了。陶渊明欣赏田园风光,他从中也确悟出了一点什么,说是"此中有真意,欲辩已忘言",但是,也只是偶尔如此,如果天天试图从自然环境中去悟道,这环境于他不也太对立了吗? 不过,更多的情况,陶渊明是在美好的田园风光中读书、耕种、生活,而不是悟道,他从人与环境的和谐之中获得身心的快乐,恰如他在诗中所描绘的:

　　　孟夏草木长,绕屋树扶疏。众鸟欣有托,吾亦

爱吾庐。既耕亦已种，时还读我书。穷巷隔深辙，
颇回故人车。欢言酌春酒，摘我园中蔬。微雨从东
来，好风与之俱。泛览周王传，流观山海图。俯仰
终宇宙，不乐复何如？（陶渊明：《读山海经》之一）

这个过程，你说陶渊明是在审美，还是在生活？应该是
在生活，但是，他快乐，既是生活的快乐，也是审美的快乐！

## 第四章　自然环境美

"山川之美,古来共谈。"(陶弘景:《答谢中书书》)诚如此也。爱好自然,是人的本性。人来自自然,与自然有着天然的联系,自然,既可以说是人类的母亲,它是人的生命之本。也可以说是人类最好的知音,当然,人类也是自然最好的知音,庄子有"天籁"之说,天籁无语,人却能赏之。美国哲学家乔治·桑塔耶那说自然是"我们的第二情人,她对我们的第一次失恋发出安慰"[①]。难怪不能结婚的僧人们喜欢结茅山林,美丽的自然山水,足以慰藉空寂的心灵,他们也自我标榜为"林下风流"。山水与人类相互肯定,相互见悦,如辛弃疾所云"我见青山多妩媚,料青山见我应如是"。人类一部审美文化史,山水审美可以说占了大部分。真正是:人得交游是风月,天开画图即江山。

## 第一节　自然的野性之美

自然环境美顾名思义,它是指与人相关的自然事物的美,自然事物的美具有什么重要性质呢? 无疑,首要的,是它

---

① [美]乔治·桑塔耶那:《美感》,中国社会科学出版社 1982 年版,第 41 页。

的自然本性，我将这种自然本性称之为野性。

美作为人类精神的最高享受，有两大来源：一是文明（自然的人化），二是野性（自然的创化）。在美学史上，是偏重于美在文明还是偏重于美在自然，构成了社会本位与自然本位两种不同的美学观。事实是，美的意蕴既有文明性又有自然性即野性。不过，对于不同类型的美，二者的比例是不一样的，在自然美、自然环境美领域，似更应看重自然性、野性。

野性是自然力的形态。就其本质来说，它与人力无关。然而，人总是以自己的情感去猜度物，将物情感化，人格化。拿流水来说，古往今来，有关流水的诗词歌赋可谓汗牛充栋，不是愁呀，就是乐，一滩流水就是一堆情感啊！其实，流水之美，本质就在其流动的野性。受着地心吸引力的作用，顺着趋下的本性，凭着自己积蓄的力量，它奔流着，汹涌着，跳跃着，歌吟着，呼啸着。有阻遏，不管是高山，还是巨石，冲击它，百折不挠，直至山崩石裂；遇高墈，不管是悬崖，还是深渊，奔涌而下，义无反顾，哪怕粉身碎骨。有出路，不管是细缝，还是曲径，渗透浸润，迤逦前行，哪怕九曲回肠，受尽委屈。流水之美不就在这吗？

野性，就有机物来说，是它的原始的生命本能，是那种蓬勃生长，争取、扩大生存空间的努力。树木当它长到一定的高度，就要努力展开枝干去接受更多的阳光。我们在森林之中，看树木与树木之间为争夺阳光而展开的生命较量，似听到战场上冲锋陷阵的呐喊，然一切都悄然无声地进行着。

野性，如果从单体来说，是每一物种的自然本性，如从整个生命网络来说，它是生态，生态不只是生命体与生命体的关系,还包括生命体与非生命体的关系,这是一个无限的充满着活力、充满着神秘的多维网络,让人无法过细的想象。

每一物体的野性都立足于生态,故而野性的美,从深层次来说,是生态的美。

生态的美是整个宇宙实现其生态平衡的产物。动物和植物的任何一种功能,在人类看来或是优点或是缺点的功能,无可争议,都是合理的,合于生态平衡之理。自然界中没有绝对的霸王,即使是号称森林之王的老虎、狮子、猎豹,也有薄弱之处。自然界最为细小的生物大概是各种细菌了,然而大家都知道,细菌足可制任何生物包括狮虎豹于死命。

从生态的角度看这个世界,看这个世界一物育一物和一物降一物的生死较量,足以让你全身心地投入这宇宙的最大的活剧,经历一场又一场的喜怒哀乐的情感全武行。这真是最为伟大的审美享受啊!

野性的存在,离不开产生野性的环境。那在沙漠艰难生长的各种植物,如若为它改善一下环境,反倒不行。笔者就亲眼见到过在水洼里生长的沙枣树,全枯萎了,死了。谈到沙漠,人们总是会想到骆驼,尽管是漫漫黄沙,尽管是骄阳如火,那在沙漠中行走的骆驼毛色鲜亮,精神焕发,而到任何一个动物园去看骆驼,没有一只骆驼不是萎靡不振的。

野性只能在合乎它的生存的环境中存在,因而,我们赞美的是:虎啸深山,驼走大漠,鱼翔碧水,鹰击长空,鲸掣大海……

野性是自然的本质,就自然环境美来说,这种美具有最高的价值!

　　在这个地球上，由于人类千年来对自然的改造与征服，能彻底保持野性的自然界是越来越少了。现在真正的原始森林少之又少，绝大多数被称之为原始森林的森林其实是原始次生林。在中国的城市几乎所有的树林都是人工培育的。人们发现自己并没有躺在亲生母亲——原生态大自然的怀抱中，而是在比自己还年轻的自然"妹妹"的怀抱中。在高度文明的今天，还有什么比原生态的自然更可贵、更美的呢？

　　美国华盛顿作为美国的首都当然是具有高度现代文明的城市，但是，就在中心城区有一座野性十足的小森林，笔者去参观时，刚好下过小雨，混浊的泥水乱流，朽木枯枝横陈，不时见到小动物窜出。一片荒芜的景象！我非常惊讶，怎么就不将这林子拾掇得干净些，清爽些？忽然联想到昨日参观的位于市郊的一处瀑布景观，那景观不也极荒凉、极原始，甚

华盛顿郊外的瀑布景观，原始，野峦，生态

至让人感到有些恐怖吗？我顿时明白，这是美国人有意这样做的，就是要在高度文明的现代生活环境中保留原生态的自然景观！

　　日本的京都也有类似的景观。京都内有一条著名的河——鸭川，想来过去是野鸭栖息处。我去京都那会，倒是没有发现野鸭，但，临岸遍布是芦苇，正是枯水季节。河床裸露，河中设一排巨石，有人就脚踩石块过河。这可是市中心的一条河啊？为什么不将河岸用石头砌成整齐的墙，为什么不将河滩平整成操场？显然，日本人也是有意为之的，为的同样是保留原生态的自然景观。

日本京都市内的鸭川河

　　中国的城市现在绝少见到这种野性的自然了。其实，不多年前，中国也有，但是在城市建设中逐渐地被整肃掉了，美其名曰"园林化"。于今中国城市的市民要想看一点真正自然的东西，野性的东西，非要出城去不可。这里，笔者特别要致意中国城市的最高领导者，要极为珍惜城市任何一处原生态的树林、芦荡、湖水、沙洲，当然，更要珍惜对这个城市尚有好感、也曾视此城市为它们家园、或客栈的各种野生的动物。残害野雁、天鹅、乌鸦、浣熊、松鼠这样的事，只能是让人类蒙羞。

## 第二节　自然的秩序之美

由大自然野性所创造的自然界存在着一种理性的秩序性，而这种理性的秩序性，既是自然"真"的价值所在，也是自然"美"的价值所在。作为真的存在，它是认知的对象，而作为美的价值所在，它是审美的对象。

古希腊的毕达哥那斯学派认为，宇宙存在一种和谐，这种和谐可以用数学表达。数学的和谐是物理世界基本秩序的本质，而数学的和谐最基本的表达则是对称性。由于数学上的对称性对于揭示物理世界的奥秘往往具有示向的意义，因此，物理学家们对于自然界的对称性具有浓郁的兴趣。众所周知，对称是一种美——重要的形式美，这种美的背后潜藏着物理世界的规律——真。科学家们试图通过探索对称性去认识物理世界的规律，这是典型的以美引真。

由此可以得出自然美的另一个重要本质，那就是真。自然界所有的形式背后都藏有一定的规律，因而可以说是真的形式。而这种形式几乎无一不美，可以说，自然界是形式美的大本营。艺术中所有的形式美都来源于自然，或直接照搬,或模仿中有所创造。完全脱离自然的艺术形式美是没有的。

英国人戴维斯说:"宇宙之井然有序似乎是自明的。不管我们把目光投向何方,从遥远辽阔的星系,到原子的极幽深处,我们都能看到规律性的以及精妙的组织。我们所看到的物质和能量的分布并不是混乱无序的,相反,它们是按照从简单到复杂的有序的结构安排的,从原子和分子,到晶体、生物,到行星系、星团等等,莫不是井井有条,按部就班。而且,物质系统的行为也不是偶然的,随机的,而是有章法、成系统的。科学家们面对大自然难以捉摸的美和精妙时,常常感到一种敬畏和惊奇。"①

戴维斯说的"井然有序"的背后是规律,是真。相信所有的人都赞叹彩虹的美,那七种颜色的排列,层次分明,又边界融合,任么么高明的画家也无法画得这样精妙。所有的小孩都有过在平静的水面抛小石子,看水中涟漪逐圈扩大最后消失的经历,那是一种美妙体会,圈的由小到大,由清晰到模糊,都是力在作用,这作用是有规律的,因而它有序,它美。秋天在树林中捡拾红叶,在欣赏色彩灿烂的同时,注意一下它的筋络,那由叶梗伸出的主筋脉直至叶尖,周遭则或对称或错开向外伸出的支脉,伸出的支脉同样向外伸出更小的支脉,于是形成一张网络,非常地美妙。

大自然的秩序感不是静态的,而是动态的,既可为空间的秩序,又显示为时间的秩序。让人类最为陶醉的自然秩序

① [英国]戴维斯:《上帝与新物理学》,湖南科学技术出版社1992年版,第158页。

美莫过于日出日落的昼夜变化，还有一年四季春夏秋冬的循环更替了。宋代画家郭熙非常注重山色在一年四季之中的演变，他说："春山淡冶而如笑，夏山苍翠而如滴，秋山明净而如妆，冬山惨淡而如睡。"（郭熙：《林泉高致》）清代戴熙更是将它比作不同的人物："春山如美人，夏山如猛将，秋山如高士，冬山如老衲。"（戴熙：《习苦斋画絮》）这种季节变化让人联想到人生就显得有些惊心动魄的了。

大自然的秩序感当其体现为生命的律动时，突出体现出生命的美丽。对于动物来说，它身体的所有存在都是生命的存在，那在我们看来属于形式美的东西，无一不是生命律动的显现。"色彩是动物的语言，几乎每一种动物都会使用到。章鱼情绪变化时，颜色就会变化；淡水鲈鱼在害怕时会自动变白……亚马逊雨林的青蛙浑身闪着水蓝和猩红色，其色彩是在向潜在的掠食者表示：别碰我们。"[①]

值得我们注意的是，自然界的真虽然就其本质来说，它只能是一，而它的表现形式却必然是多，无论是无机自然界，还是有机自然界，均如此。你看到天下两片完全一样的树叶吗？没有。两片不完全一样的树叶，它们既为同一自然规律统领着，又为各自不同的规律统领着。

对于自然界的秩序美，科学家的理解与普通人的理解是不一样的，普通人只是感到神奇，而科学家则可以看到原因、它形成的规律。在他一切都是可解的——理性的，从本质上来说，自然美是真的形式。

---

① 艾黛编译：《感觉之美》，民族出版社 1999 年版，第 42 页。

日本长野县野芦苇,它在风中唱着一支秋天的歌

　　在自然环境保护与建设之中,更多地重视自然自身的规律性,是非常必要的。中国在上个世纪末,曾有过一次几乎全国性的种植草地环境美化活动,而且种的草也都差不多,殊不知全国自然条件差别很大,老天爷毫不留情对这种东施效颦的做法说"NO"。笔者曾在中国西北的城市看到过成片的垂柳林,这种风景通常只是在南方见到,在极为干旱的北方见到了,自然极为惊喜。然而一打听,完全是用自来水浇灌出来的,难怪他们说养一棵树比养一个孩子成本还高。这样做,自然造就了塞北江南的美名,但有必要这样做吗? 其实,也有不少适合于北方生长的树木,为什么不用这些树种呢? 现在一谈到自然环境,总是以江南为范本,诚然,江南是美的,但是,自然环境美绝不只是江南一种模式,各种自然环境均有它的美。敦煌的鸣沙山难道不美吗? 适合于此地生

长的杨树、沙枣不也很美吗？

　　既按照人的需要，又尊重自然规律，同时又树立多元审美观，我们的自然环境保护与建设当会做得更好。

## 第三节　自然的神性之美

　　在人类社会早期，自然之于人是变化莫测、森严可怖的。人们对自然充满了敬畏与恐惧。在充满神秘力量的自然面前，人们产生了"自然崇拜"。在"自然崇拜"阶段，人们把自然中的许多对象，如日、月、星辰和周围的山、河、岩石加以神化，并对它们崇拜。

　　人们对自然的崇拜暗示出人对自然的依赖性。这种依赖一方面是物质方面的，另一方面也蕴涵着精神方面的内容。正如孩儿对母亲的依赖往往会使人产生一种浓浓的亲情一样，人在对自然的依赖中产生了一种亲切感，而正是这种精神性的依赖为人对自然的审美奠定了基础。

　　这样，人与自然的关系体现为人与神的关系。神虽然是人想象的产物，却是异化了的人，它对人具有两面性，或是对人友善，指导人，帮助人；或是与人敌对，统治人，惩罚人。中国古籍《山海经》中的自然物对人就具有这样的两面性：草，有食之令人心痛的，有食之令人不惑的，更多地是食之令人病愈的；鱼，有食之可以中毒的，也有食之可以忘忧的。《山海经》中所表现的人和自然的关系基本上来自现实生活中自然与人的关系，但也有人的想象。如，佩带发光树上的树叶，人不会迷失道路；佩带龟甲，耳朵不会聋，吃了怪狐狸，可以

避妖邪之气；吃了怪猫，可以使人不嫉妒。《山海经》就这样
一方面给我们显示了一个充满怪异色彩的自然世界，另一方
面也显示出人对自然的一种依赖。

　　自然的伟大不能不让人对它畏惧，不能不对它崇拜，不
能不对它依恋，不能不对它寄予希求，凡此种种，并没有因为
原始时代的结束而结束，由于自然的无限性和人的认识能力
相对的有限性，自然神秘的面纱永远不会被全部揭开，因此，
自然对于人永远会具有神性的威力。

敦煌鸣沙山，肃穆，宁静

　　这样一种人与自然（人与神）的关系，必然让自然美具有
一种神性的光辉。正是这种神性的光辉，让自然美最为迷
人、最具魅力！任何人工美与之相比都黯然失色。

　　在中国传统文化中，道教、佛教均有自己的神山。而就
整个中华民族来说，昆仑山具有至高无上的地位。笔者曾在
一篇文章中这样赞美过昆仑山：

在中国诸多的山脉中，昆仑山有着特殊的地位。《吴越春秋》云："昆仑之山，乃地之柱，上承皇天，气吐宇内，下处后土，禀受无外。"又《禹本纪》云："夫五岳者，中岳昆仑，在九海中，为天地心。"好个"上承皇天"，"为天地心"！在中华民族的心目中，昆仑山是我们民族的脊梁，是祖先的发源地，是通天的阶梯。[1]

人们一般将超越人自身力量的伟大的自然物视为神物，康德说的崇高之美就主要来自于自然界的伟大，他这样描绘自然界的伟大："好像要压倒人的陡峭的悬崖，密布在天空中进射出迅雷疾电的墨云，带着毁灭威力的火山，势如凌空一切的狂风暴雨、惊涛骇浪中的汪洋大海以及巨大河流投下来的悬瀑之类景物使我们的抵抗力在它们的威力之下相形见绌，显得渺小不可道。"[2]这种让人感到恐怖的自然伟力，人们第一个念头，就是神——自然神。其实，不只是超出人力量的伟大的自然物，容易让人联想到神，就是弱小的昆虫，其精致的身体结构以及神奇的本领，也能让人联想到神。

说自然具有神性，并没有什么了不得，不必小题大做，说是一种迷信。它是人的一种普遍的心理现象。其实，与其说这是一种迷信，还不如说这是对自然的赞美，与其说这是对自然的赞美，还不如说是对自然的敬畏。

① 拙著《交游风月》，武汉大学出版社 2006 年版，第 141 页。
② 转引自朱光潜《西方美学史》下册，人民文学出版社 1979 年版，第 379 页。

一谈到敬畏，有些人认为又是迷信了。其实，敬畏也是一种人性，在人性中它处于监察的作用。一旦人性出轨，比如说，人变得像野兽一样凶残了，或者不认爹娘了，那敬畏就出来了，向人发出严厉的警告。

孔子说："君子有三畏：畏天命，畏大人，畏圣人之言。小人不知天命而不畏也，狎大人，侮圣人之言。"（《论语·季氏篇第十六》）孔子说的三畏中，第一畏是"畏天命"，畏天命，自然之畏，这自然之畏中含有对自然神性的畏惧。康德说"位我头上者灿烂星空，道德律令在我心中"，这"灿烂星空"不是上帝，而是自然。康德认为，心中的道德律令和头顶上空的灿烂星空都是值得敬畏的，当然，"灿烂星空"只是自然的代表，畏的不只是头上的星空，而是整个自然，是自然的神性。

科罗拉多冰山峡谷景观，荒野，神秘而又神圣

对自然持一份敬畏之心有多么重要，不仅让人不会随意去破坏自然环境，而且在社会上也不去做坏事。

不能不指出，现在的人们，对自然的敬畏之心太少了。砍伐一棵数百年的大树，手竟然一点不发抖。难道就没想过：这能活上数百年的大树即便不是神，也够值得人们尊敬的了！它虽不能语，但录下来数百年的风霜雨雪，阅尽了数百年发生在这树下、树周围无数的人间悲喜剧。它就是历史，活的历史，人目前还不能完全读懂的历史。不要说大树不能随便砍，山形、山势，也不能随意破坏。风水学讲龙脉，认为龙脉不能断。龙脉云云，也许过于神秘，不必全采信，但是，这其中也有可取之处，那足以见出龙脉的山岭，一般都绿意葱茏，生气勃勃。这自然生气，对于居住于其间的人们来说，殊为可贵！不是万不得已，最好不要破坏它。

当然，生活环境中的自然，不是不能动，为了更好的生活，山水、草木均是可以动的，但是，对自然需存几分敬畏之心，有了这敬畏之心，在改造自然的时候，就会多几分审慎，少几分随意，从而更好地保护自然环境的美。

## 第四节　自然的拟人之美

自然环境是自然创化与自然人化共同的产物。前者创造出自然环境的自然性，后者创造出自然环境的人文性。

自然性即野性包含着生态性，它的伟大与神秘，让人感到好奇，感到恐惧，从而赋予它以神性。人文性即人性，自然本是没有人性的，但人来自自然，故自然是人性之源。另外，人在观察自然物的时候，总是情不自禁地将自然物想象成人，于是，自然物也就人化了，成为人性的象征或寄托。如果说自然的神性拉开了人与自然的关系,那么,可以说自然的人性拉近了人与自然的关系。

于是,自然就具有多种审美意义:就它具有自然性及自然性的神化——神性来说,它有野性之美、秩序之美和神性之美。而就它具有人文性来说,它具有拟人之美。

关于自然物具有拟人之美,有一个非常重要的哲学问题,那就是自然在什么意义上与人相通以致具有人性呢?

集哲学家、数学家、物理学家于一身的怀特海坚持认为自然与人都是有机的,在有机这一个关键点上,自然具有了人性。

罗宾·柯林伍德这样描述怀特海的观点:

怀特海坚持实在是个有机体,他不是要把一切实在化为生物学术语,他只是认为每一存在的事物与一活的有机体相仿:其本质不仅仅依赖于其组成部分,还依赖于它们的组成形式或结构。因此(仅指出一个明显的必然结果),一个人问他自己:玫瑰的确是红色的呢,还是仅仅对我们的眼睛来说看起来是红色的呢? 这样问是无聊的。包含玫瑰的自然等级正是包含人类连同他们的眼睛和心灵的同一个等级。在我们所讨论的情形中,人类和玫瑰都同样地真实,都是有机团体中平等的元素。玫瑰的色彩和美丽是那个团体中真实的特征,它们不是仅仅存在于玫瑰中,而是存在于那个团体中,玫瑰在其中是一个有机部分。于是,如果你问怀特海那个实在论者提的问题：如果没有人看着玫瑰，它会是红的吗？他会非常温和地告诉你："不，整个情形就会不同了。"①

　　没有人来看玫瑰时，玫瑰是不是红的？怀特海对此产生怀疑，这个怀疑让我们想起了中国明代的哲学家王阳明（1472—1529）游南镇的关于花树的一番言论。一个朋友说："如此花树在深山自开自落，于我心亦何关？"王阳明则说："你未看此花时，此花与汝心同归于寂，你来看此花时，则此花则一时明白起来，便知此花不在你的心外。"（王阳明：《传习录》下）王阳明并没有否定在深山自开自落的花树的存在，但是，这种自开自落的花树与"我心"无关，也就是说对我没有什么意义，不是我的对象。只有我来看花时，此花才成为了我的对象，经过我去看它，它才"一时明白起来"。"明白"在这里有放光辉的意思，就是美了起来。
　　怀特海认为，"包含玫瑰的自然等级正是包含人类连同他们眼睛和心灵的同一个等级"，它们"都是有机体团体中平等的元素"，既然如此，玫瑰的红色与人的眼睛、心灵有一种内在的联系、有机的联系，正是从有机整一性的立场上，怀特海认为，离开人来谈玫瑰的红色是没有意义的。王阳明认为自然的拟人性是人看出来的，怀特海则认为是有机物体内在固有的。不管怎样，自然具有拟人性是无疑的。自然的这种

————————————
① ［英国］罗宾·柯林伍德：《自然的观念》，吴国盛、柯映红译，华夏出版社1999年版，第184页。

拟人性,使得自然美也具有这种性质。

武汉大学的樱花

虽然我们现在都在说,这个地球上只有人有意识,但是,大量的事实似乎更能说明自然物特别是高等生物具有意识性。人类凭感性观察,也常感受到自然的这种类人性,比如,动物跟人一样也有儿女亲情、夫妻情、朋友情。它们的内部也有类似人类社会的组织结构,属于低等动物的蚂蚁社会中,分工是那样明确,地位等次是那样鲜明,让人惊叹。人来自自然,人与自然天然地相通,这是自然美具有"拟人性"的根本原因。

美国的动物学家纳塔莉·安吉尔对于野鸭的性爱有这样一段描写:

　　啊,多么浪漫的情景! 两只野鸭在池塘的水面上轻柔优雅地滑过,雄鸭紧依着雌鸭,一副耳鬓厮磨、白头到老的样子，哪有比这个情景更加动人心肠、甜蜜可爱的呢？或许还有密西西比河流域的两只号手天鹅，它们乳白色的长颈彼此浅吻，有若两颗爱心的交接，雪白的羽毛如同灵魂般的清纯，双双相守，直至生命的终结，这是何等醉人的情景啊！

它们会交合在一起——小小偷情一次……①

纳塔莉·安吉尔显然是将这两只野鸭的性爱看成是人的性爱了，仅仅是安吉尔的比喻，还是动物本来也有与人相似的性爱？按怀特海的观点，动物的性爱与人的性爱本来就是差不多的。安吉尔对于野鸭性爱的描写，属于"拟人"手法，这种"拟人"之所以得以成立，是因为人与自然原本同为一体，在生命、有机体这些根本点上是相通的。

人脱离动物成为人之后，人与动物的天然联系并没有中断，只是它给赋予了太多的文化内涵。像性爱，虽然其自然性仍然与动物没有太多区别，然被文化包装成爱情之后，就与动物拉开了很大的距离。不仅与动物拉开了距离，各民族之间，同一民族不同的人群之间，均有很大的不同。

人类文明的创造，一直在自然人化这样一个大框架内进行，虽然不能说自然像婢女，随主人的意愿被打扮着，但人与自然的关系，确是随着人的各种不同的心态和与自然打交道的各种不同的手段而有所不同。人类文明的大千世界，实质就是自然人化的大千世界。在这个大千世界中，创造了无数

---

① ［美］纳塔莉·安吉尔：《野兽之美》，时事出版社1997年版，第19页。

的美,其中体现在自然物身上就有自然美。

中华民族在与自然打交道的过程中,逐渐形成了自己的自然审美观,其中有一种传统,为"比德"的传统,即喜欢将一些自然物与人的某种生活、品德联系起来,使这种自然物成为某种生活、某种品德的象征。比如,将松、竹、梅、兰、菊等植物作为君子人格的象征,将牡丹作为富贵的象征,将喜鹊作为喜庆的象征。其他民族基于自己的生产方式、生活方式,也有属于自己的自然审美观。各民族的自然审美观固然有相通之处,但相异之处也不少。

梅花

自然的"拟人性",实际上是人对自然的一种价值性的认识,是自然人化的一部分。人在人化自然的过程中,一方面不断深入对自然物内在规律的认识,另一方面也不断地将自身的思想、情感赋予自然物。前者是"真"的发现,后者是

"善"的认同，就在这两种自然人化方式的进行之中，自然美诞生了。

人类对自然的审美，从某种意义上讲，的确是从自然中发现了人性，因此，自然美是文明的另一种形式，或是文明的比喻，或是文明的象征，或是文明的感悟。

我们中华民族向来将黄河、长江看作我们民族精神的象征。黄河、长江不仅以其乳汁哺育了我们的肉体生命，而且以其奔腾入海、万难不屈的顽强精神和威猛气势激励着我们，李大钊先生说得好：

> 一条浩浩荡荡的长江大河，有时流到很宽阔的境界，平原无际，一泻千里；有时流到很逼窄的境界，两岸丛山迭岭，绝壁断崖，江河流于其间，曲折回环，极其险峻。民族生命的进展其经历，亦复如是……我们的扬子江、黄河可以代表我们的民族精神，扬子江及黄河遇见沙漠，遇见山峡都是浩浩荡荡的向前流过去，以成其浊流滚滚、一泻万里的魄势。目前的艰难境界，哪能阻折我们民族生命的前进！①

李大钊是从黄河、长江联想到我们的民族精神，将黄河、长江作为民族精神的象征。黄河、长江给予我们的精神感悟

---

① 李大钊：《艰难的国运与雄健的国民》，《李大钊全集》第四卷，河北教育出版社1999年版，第312页。

是多方面的，孔子当年在黄河边，见黄河滔滔流去，感叹道
"逝者如斯夫，不舍昼夜"（《论语·子罕编第九》），那种富有
哲理的情感意味至今都让我们怦然心动。孔子之后，更有无
数哲匠、文人从流水中获得诸多的心灵慰藉与启迪：

> 水流心不竞。（杜甫：《江亭》）
>
> 青山遮不住，毕竟东流去。（辛弃疾：《菩萨
> 蛮》）
>
> 君子之交淡若水。（《庄子·山木》）
>
> 自是人生长恨水长东。（李煜：《相见欢》）
>
> 自信人生两百年，会当水击三千里。①

　　人们的生活环境，有山有水，多好啊！那山水不仅给予
我们难以表达的心理抚慰，而且给予我们难以估量的精神鼓
舞与智慧启迪，这是任什么也不能比的财富！
　　自然美诸多性质中，拟人性是最为重要的，因为人是无
法彻底摆脱自己的立场、利益、心理、视角来看待自然美的。
虽然人其实并不是世界的中心，但人类一直朝着这个目标前
进，而且作为人，他的思考、他的谋事，不可能不以人为本。
生态问题严重以后，人类必须做的是在尊重生态平衡的前提
下，实现文明与生态的共生。自然物的野性之美，人对它的
尊重与认可，只能在它不伤害人的根本利益的前提之下；同
样，自然物的拟人之美，也必须建立在承认自然物野性的基

---

①《毛泽东诗词全篇》，湖北教育出版社 1993 年版，第 13—14 页。

础之上。

## 第五节　居于自然山水间

自然与自然环境是两个不同的概念。自然只是自然，无需与人发生关系，即便与人发生关系，成为"人化"的自然，也无需接受环境的定性。然而，当我们以环境的视角来看自然的时候，这自然就必须接受环境的定性了。

环境具有多方面的价值，就其审美价值来说，主要体现为两个方面：居之美，游之美。居之美，是在生活中的审美，游之美是在旅游中的审美。生活中的审美是居家过日子的审美，核心是家园感，是亲和，是愉悦；旅游中的审美是游走江湖的审美，核心是新奇感，是刺激，是寻异。两种不同的审美涉及环境的两种重要功能：居与游。居的狭义是居住，广义是生活（含劳动），结合狭广两义，是以居住为本的生活（含劳动）。游的内容与游的目的有关系：有科学考察，有交朋会友，也有欣赏风景。这诸多的游之中，均有审美在。环境的两种功能，无疑，居是基本的，与之相关，环境的审美，居之美是基本的。

谈到人类的居住，不能不说，最早的居住就是直接住在自然之中的，或为穴居，或为巢居。据说，伏羲氏带领部族走出山林，筑屋而居，这是筑屋的开始。考古发现，距今七千年的仰韶半坡文化遗址就有聚族而居的屋子了。尽管有屋子，不直接住在自然中，那屋子也处于自然山水之中。这种居住方式一直为中国古代的知识分子视为理想的居住方式。东

晋的陶渊明辞官回归田园,在山水间筑屋而居,感到非常快乐。他有一首诗描绘了这种快乐:

> 结庐在人境,而无车马喧。问君何能尔,心远地自偏。采菊东篱下,悠然见南山。山气日夕佳,飞鸟相与还。此中有真意,欲辩已忘言。(陶渊明:《饮酒其二》)

这种居住方式特点是:在人间(人境)却又在自然。最大乐处是:在目游中心游,在心游中悟道,在悟道中实现精神的超越。

魏晋时代,不少知识分子喜欢在自己的住宅植树、养花,为的是将更多的自然山水之美纳入家园。

《世说新语》载:

> 王子猷尝暂寄人空宅住,便令种竹。或问:"暂住何烦尔?"王啸咏良久,直指竹曰:"何可一日无此君!"(刘义庆:《世说新语·任诞第二十三》)

王子猷是著名书法家王羲之的儿子,也是一位名士,他竟然一天都离不开竹子,借住人家的空房子,都要种竹子,其对竹可谓一往情深。苏东坡也爱竹,说:"宁可食无鱼,不可居无竹。"竹,当时的文人视为雅物,主要是借竹的节劲标榜自己的清高,此种做法后来形成传统,影响至今。

筑室在自然山水间,在日常起居中欣赏自然山水之美,在魏晋成为风尚。寒士也许只能在宅院内外植树种花，而贵族则圈一大块地，建起园林来。园林中有山有水，自然美就更丰富了。《世说新语》载：

> 简文入华林园，顾谓左右曰："会心处不必在远，翳然林水，便自有濠濮间想也，觉鸟兽虫鱼自来亲人。"（刘义庆：《世说新语·言语第二》）

简文帝明确地说，欣赏山水、亲近自然，不必去旅游，他的园子就可以做到。这便是典型的在日常生活中欣赏自然美。

这种居住方式延续到城市的出现。城市有诸多形态，不管哪种形态，人多了，屋子多了，就不能不将自然赶出城市。

居于山水之间

大片大片的屋子比邻而居,出门,再也不能"悠然见南山";举头,也难觅"飞鸟相与还"的诗意。人与自然隔开了。这样一种居住方式其实并不是人所喜欢的,之所以如此,也出于无奈。

现今的城市中,自然的缺失已达到让人无法容忍的地步。大片大片的钢筋混凝土做就的人工森林,不仅严重地污损着人们的视觉,而且摧残着人们的心灵,人性被扭曲,被异化。一种名之曰"城市病"的疾病出现了。为了实现与自然的交流,为了寻回失落了人性,人们利用各种节假日,纷纷逃出城市,去自然山水间旅游。这,诚然是一种不错的办法,但不能从根本上解决问题。从根本上解决问题,就是在城市中恢复自然的地位,将被驱逐的自然请回城市。

要树立一个观念:自然是城市之根,保护自然,就是保护城市之根。一座有活力的城市,应该拥有较多的自然;一座真正文明的城市,自然山水应受到高度的珍惜,动物植物应受到特别的保护。

这里,关键是对自然要有爱,而且不是一般的友爱,是至高无上的大爱、心存畏惧的敬爱。人与人之间需要爱,人与自然之间也需要爱。一个懂得爱自然的人,也会懂得如何爱人。两种爱可以互换,互促,互进,互化。人给自然以爱心,自然不仅回报人类以爱心,而且以美丽。

大爱无疆,大美无垠!

# 第五章　农业环境美

　　英文的文化一词 Culture 原义为农业,而现代的农业一词 agriculture,又以 culture 为词根。事实上农业是文化的摇篮。人类的其他活动包括科学技术活动、手工业活动乃至工业生产活动均是从这个摇篮培育出来的。

　　农业环境基本上由两个方面构成:一是作为农业生产基地的田野及农作物风光,二是为农民居住的农村。农业环境在人类的居住环境中具有重要的地位,它的审美性质自有它的特殊性,值得我们格外的重视。

　　尽管现在地球早已进入工业社会,但农业仍然是人类主要的产业,农村仍然存在,而且将会永远存在,只是随着农业生产的进步,农业环境不断变换着新的面貌,呈现出它特殊的美。

## 第一节　农业一般的审美性质

　　人类的农业生产活动,从本质上来说,是一种模仿自然的活动,准确地说,是代自然司职。

　　工业生产的东西基本上是自然界原本没有的东西,而农业生产的作物,自然界原本有或可以有,只是不很符合人的需要。比如水稻,田地原本有野生的水稻,但产量低,味道也不够佳。人们通过努力,认识并掌握了水稻的生长规律,在田地种植水稻,让水稻长得肥壮,产量高,也很好吃。

就水稻仍然是自然物来说,它是自然;就水稻是人劳作的产物来说,它是人文。自然,不是原生的自然,是人造的自然;人文,不是社会的人文,是自然的人文,准确地说,这是人代自然司职的人文。

不少美学家困惑于农业景观的美是自然美还是人文美?应该说,是这两种美的统一,不过,这种统一是以自然为本体的,因此,准确地说,它是具有人文性的自然美,或者说人参与创造的自然美——准自然美。

生命性以及与之相关的生态性是农业景观的重要特点。

农业生产是一种培育生命的事业。农作物作为植物,家畜作为动物都是有生命的。正是这一点,使得农业景观的美远胜于任何工业产品的美。黑格尔非常看重生命的美。他说:"作为在感性上是客观的理念,自然界的生命才是美的。"①

农作物中的植物,作为生命物,究其本质,它来自大自然,不仅其生命的结构是精致而又奇特的,而且生命节律非常清晰,体现出自然的有序性。就其产生,却是人劳作的产物,它的生命中透显着人的智慧、人的伟力,某种意义上讲,它是人的生命另一种形式。

农作物中的家畜和家禽,作为生命物,一方面保留着动

---

① 黑格尔:《美学》第一卷,商务印书馆 1979 年版,第 160 页。

物的本性即它的野性，另一方面又增添了人所需要的性质，我们姑且叫它"文性"。野性，让家畜和家禽的生命仍联系着神秘的自然世界；"文性"，让家畜和家禽的生命联系着温馨的人类世界。

从本质上来说，农作物的生命是人造的自然生命，因而此种生命对于人具有一种特别的亲和性。

农业景观不只是特殊的生命景观，而且是人工与自然共生共荣的特殊的生态景观。景观的基础是大地，这是一片自然与人工共同开发着的土地。农民在稻田里培植水稻，希望收获更多的稻子，然而在稻田里生活着的绝不只是水稻，除了各种各样的昆虫、鱼类、两栖动物，还有杂草。杂草是水稻的大敌。杂草长势过好，必然影响到水稻，所以，农民总是不断地除杂草，但实际上杂草是不可能除尽的。如果采用剧毒农药，将杂草除尽了，水稻也许也完了。

自然有它的目的性，人也有它的目的性。农作物、家畜这些人工培育的自然物既然与纯自然物共同生活在一片大地上，这两者的关系就只能协调，只能兼顾，既让人实现其目的，也让自然实现其目的。所以，必须保持良好的生态性。良好的生态性是农业景观作为大地景观的一个极其重要的特性。

在今日，为什么仍然要重视农业，除了人们衣食等物质产品的原料仍主要来自农业外，这农业对于保持地球生态平衡所具有的重大意义，也是重要原因之一。

人的生命与自然生命的对话以及这种对话的艺术性是农业生产审美的另一重要性质。

湖北来凤田野风光,清新,绚丽,空气中都透着一丝甜

农业生产的主体是农民,客体是农作物,这农作物不管是植物,还是动物(家禽家畜)都是有生命的。因此,主体与客体的交流是两种不同的有机生命的交流。这种交流的主要内容是希望农作物按照人的意愿生长得更好。然而,这个过程绝对不会那么单纯:一是有大量的情感性活动,众所周知,农民对于他的作物是极有感情的,他可以对着青葱的庄稼喃喃自语,也可以抚摸着家畜,诉说着心里话。二是交流的内容大量地超出了功利的目的,也就是说,它可以与作物生长无关。传说《牛郎与织女》中,那牛郎与老牛的谈话,竟然是咨询老牛对他与织女爱情的看法。

农业生产中的生命对话,更重要的是对天象、气候、山川地理种种与农业有关的自然界及自然神灵的对话。虽然这种对话不像对农作物的对话,那样具体,那样具有明显的当下性,但是,这种对话具有根本性。农业生产因为本质是人造自然，人造的自然仍然是自然，所以，必须在总体上、规律上服从着大自然。农业生产虽说是人在做，但决定其成功与失败的最后原因是大自然。大自然不是人，农民将它看作神，这神其性情、脾气，人无法全部捉摸透，然而人一直朝着这个方向努力，原因很简单，企求获得自然的青睐，获取农业的丰收。这种人与自然的生命对话在极为广阔的背景下进行着，同时，也通过诸多的形式进行着，有理性的，主要形式为科学技术；也有非理性的，主要形式为巫术与崇拜；还有理性与非理性双兼而以审美突出的，主要形式为艺术……

农业生产主要是体力劳动。体力劳动属于人的肢体活动，人类的肢体活动具有多种形态。一种为体育竞技，一种为艺术活动，体育竞技与艺术活动都不直接创造物质价值，只有劳动直接创造物质价值。各种劳动都体现为人的肢体活动，在所有的劳动中，唯有农业劳动，它的肢体活动是最全面、最丰富的，活动量的调节也是最为自由的。人类肢体活动体现了人的意志、智慧、创造力，是人类精神的物化形态。正是因为这一点，我们认为，它具有重要的审美价值。

人类天然地具有一定的节奏感，人类在从事任何肢体活动时，都自然而然地寻求节奏，使肢体活动协调，体现在劳动中更是如此。普列汉诺夫在《没有地址的信》中所描绘的地球上残存的原始部落巴戈包斯族人的耕作，男、女二人，一个挖坑，一个播种，配合默契，其动作也具有一种舞蹈般的美①。

---

① 参见［俄国］普列汉诺夫：《没有地址的信，艺术与社会生活》，人民出版社1962年版，85—86页。

中国江南农村的车水,多人共用一辆水车,用脚踩着踏板。"咿咿呀呀"的水车声中,显示出动作的协调;哗哗的流水,随着叶片升起,最后变成一片小瀑布倾泻进稻田。这种劳动的情景,比任何艺术都更具魅力,因为它是真实的,充满着蓬勃生命的意味。

与工业生产中的体力劳动相比,农业劳动的艺术性多得多,原因有二,一是农业劳动的肢体活动比较地丰富,比较地自由,比较地更具有人性化;二是它是以大自然为背景。农业劳动均在田野上露天进行,头上是蓝天,脚下是大地,视界是青山绿水、碧树繁花、农家村舍;耳旁是大自然的各种声响:水声、风声、雨声,还有人的笑语、歌声及劳动工具发出的声音。在这种环境下劳动,简直就是一场真实的演出,有声有色,震撼人心。难怪自古以来,中国的一些知识分子就特别欣赏农家乐。宋代诗人杨万里有一首《插秧歌》:

> 田夫抛秧田妇接,小儿拔秧大儿插。
> 笠是兜鍪蓑是甲,雨从头上湿到胛。
> 唤渠朝餐歇半霎,低头折腰只不答。
> 秧根未牢莳未匝,照管鹅儿与雏鸭。

这是一幅多么美好的农业劳动图景!田夫、田妇、大儿、小儿,他们各自的肢体动作具有一种类似舞蹈的韵律美,他们之间的劳动又有一种呼应性。正是下雨天,漫天的雨雾、清亮的水声与人物的劳动搅和在一起,创造出一种类似艺术表演的美学效果。这样一种景观在工业生产活动中是不可能出现的。

工业劳动多是将工人联系在一条流水线上，固定在流水线上的工人只能按照预设的程序进行操作，没有半点自由。他们的工作一般来说是枯燥的。农业劳动虽然也需要配合，但基本上是个体劳动，劳动者具有较强的自由性。从人的本质力量自由实现这一维度来看，农业劳动远胜于工业劳动。这一点正是农业生产较工业生产更具有审美性的重要原因之一。

当然，这只是问题的一个方面——农业生产于审美具有正能量的方面，农业生产于审美也具有负能量的方面，农业劳动多为手工劳动，劳动强度一般较大。另外，由于农业劳动多在户外进行，劳动者的身体多易遭受不利自然条件的损害。因此，农业劳动也有反人性、反审美的一面。

农业环境审美还有一个审美主体的问题。审美者有两种：创美者和非创美者。农业景观的审美主体可以是农业景观的创美者，也可以是农业景观的非创美者。

农民是农业景观的创美者，他来欣赏这由他创造的景观，其感受融进了诸多创美过程中的艰辛与欢乐，这种感受如鱼饮水，冷暖自知，外人难以完全理解。不是农民，不是农业景观的创美者，也可以欣赏农业景观，这种欣赏更多的具有普遍性，它与农民对自己劳动成果的欣赏可以是相通的，但不会是一样的。

## 第二节　工业社会的农业审美

现代农业属于工业社会的农业,工业社会的农业已经大规模地运用了机器生产。机器生产,并没有使农业的根本性质发生变化,但为农业生产增添了新质包括审美新质。

从美学来说,机器生产所创造的美是技术美。技术美与手工美是不一样的,技术美作为工业时代的标志性的美,充分体现出工业时代机器的霸权地位。

机器生产需要规范性、标准化,这就使得劳动成果明显地具有一种理性形式。我们看用收割机收割过的麦地,明显地有一种规整感。由于机器生产受到预先设计好的节拍进行劳作,一丝不苟,这里就有一种节奏感、韵律感,这种节奏感、韵律感主要不是来自于操作者,而是来自机器,来自机器制造者的预设,也许它过于严整,甚至过于死板。因此,机手对机器掌握得如何,不仅决定着他的劳动的效率,而且决定他在劳作中能不能得到快感。

工业社会中,科学技术在农业中的运用是全面的。它们的成效不仅给农民带来了巨大的经济效益,还直接体现在农作物、家畜、家禽的外在形貌与内在品质的改变上。从而使得它们不仅体现出技术的美,而且体现出科学的美。

建立在工业社会的农业虽然创造了巨大财富,但也带来了重大的问题:

(一)对于自然环境的破坏

传统农业生态状况比较好,田野里既生长着庄稼,也生长着别的生物。江南的稻田在实施着传统的生产方式时，那水田中有着诸多的小生灵，各种小生灵在这里演奏着生命的大合唱，维持着生态的平衡。尽管农民为了高产，也除害虫，除杂草，但这种活动，不会破坏生态平衡，因为这种除害，程度是相当轻的。

工业社会的农业，主要运用机器生产，为了机器的运作，对农田必须实施大规模的改造。这种改造，对土地环境有可能是一种破坏。工业社会的农业，多使用化肥、农药，不仅使土壤中的各种有机元素的生态平衡给打破了，造成土壤的沙化、酸碱化等，而且，使得田地中的诸多小生物生存遇到困难，甚至遭到灭顶之灾。

虽然农作物高产了，但农田良好的生态平衡打破了，且后遗症严重，生态平衡难以回复。更可怕的是化肥、农药中的某些元素进入农作物后，有可能对人的身体造成伤害。

（二）农民对土地的情感淡化

从伦理学角度言之，工业社会的农业给农民带来的精神上的伤害，主要是人跟土地的那种生命性的情感的丧失。在农业社会，农民祖祖辈辈生活、耕作在这片土地上，他们既是这片土地的所有者，又是这片土地的劳作者，这里是他们的家，是他们生命的根。可以说，这片土地上的一山一水、一草一木、一花一石，不仅联系着他们的收成、他们的生活状况，而且还联系着他们的情感记忆，联系着他们的精神生命。

在工业社会，农民与土地的这份情感就浅多了。农民在相当程度上变成了农业工人，他们运用机器生产，今天在这片田野劳作，明天到另外一片田野劳作，他们劳作的土地也许并不属于他们。而土地的所有者，也许未必是这片土地上的农作物的所有者。这样，依靠同一片土地谋生的，就有三种人：劳动者、土地所有者、农作物（庄稼、家畜、家禽等）所有者。三种人的分离所造成的一大后果就是，都难以建立起与土地的那种生命性的情感。

（三）导致人性的某种异化

机器生产，虽然是人在操作机器，但机器自有其操作规程，不完全听从人的意志。按劳动的本质，它是劳动者的本质力量对象化；机器生产，虽然也是人的本质力量对象化，却很难说是劳动者的本质力量的对象化。显然的事实是，机器生产中，劳动者的自由度降低了。另外，机器生产是一种标准化的生产方式，谈不上有什么劳动者的个性色彩，这些，均在一定程度上造成人性的某种异化①。

（四）农业景观的单调

传统的农业，因为是小农经济，农作物是多样的。一块土地种植诸多品种的庄稼，五彩斑斓，殊为美丽，虽然产量不高，就审美来说，倒称得上丰富多彩。另外，家畜、家禽，也品种多样。这样一种农家风光，充满生气，充满情调。唐代诗人王驾有《社日》一首，描绘了传统农家风光之美。诗云："鹅湖山下稻粱肥，豚栅鸡埘半掩扉。桑柘影斜春社散，家家扶

---

① 当然，不能反过来说，凭手工或畜力农业劳动就能全面实现人的本质力量，就没有人性的异化，其实，这种农业劳动由于其繁重性，对人的身体的伤害是严重的，而且也限制着脑力的运用，因此，它对于人的本质力量的实现其实也是有着严重障碍的。过于繁重的劳动，让人身体变成畸形，让人回到落后的动物阶段，在另一种意义上摧残人性，取消人的自由，这同样是人的异化。

得醉人归。"这风光中的景观是多元的，庄稼有稻有粱，家畜家禽中有猪有鸡，更兼有山有水，有人物活动，这样一种风光是极有魅力的。工业社会的农业，称得上准工业，虽然也是在田野上劳作，但所种的庄稼不可能是多样的，往往是一望无际的田野上种的就是一种庄稼。至于家禽、家畜也是分类饲养的，那种鸡飞狗吠的农家院落风光少见了。

以上所说的工业社会的农业景观当然也自有它的美，我们无意在传统农业与工业社会农业的景观高下问题上，做一评判。反正是有所得就有所失，有所失也会有所得。

虽然工业时代的农业大规模地使用机器生产，但是，并没有改变农业的一般性质：代自然司职。农业生产仍然是人的生命跟物（农作物）的生命在交流，在"对话"，只是司职的手段、对话的方式有很大不同：第一，传统的农业用的是简单的木制或铁制工具进行生产，代自然司职具有较强的手工操作性，因而，这种"对话"显得直接；工业社会运用机器进行农业生产，庞大的机器以及它的高效率，在很大程度上阻隔了人与大地、与农作物的亲和性。第二，工业社会用机器进行生产，其产品一般具有数量化的痕迹，体现出只有经过数量规范才有的标准性、统一性。这是一个方面，不可忽视的另一方面是，工业社会的农业劳动，虽然用机器生产，但由于农作物多是有生命的自然物，很难完全做到标准化、规范化。就拿机器养鸡来说，虽然养鸡的所有工序全是用机器计算过的，但饲养的鸡也不会真正标准化。

严格说来，工业社会的农业其成果是自然、人工、技术三者合力的产物，技术因素虽然突出，但不占决定的地位，因为农作物均是有生命的,生命不能任由技术来操纵,决定生命的只能是它的本性——自然性。因此,我们只能说工业社会农业所创造的美具有准技术性,而不是技术性。

## 第三节　后工业社会的农业审美

在 19 世纪末工业社会的弊病已逐渐显露,这弊病主要是两个方面,一是机器的专横所造成的人性的异化,另是人类的贪婪与高科技武装让人类改造自然的规模过大以致造成环境的严重破坏。几乎与此同时,一种新的学科——生态学应运而生,这一学科本来属于生物学,后来延伸到环境学、人类学、社会学等诸多的人文社会学科。人类发现,原来对环境的破坏,其中一个重要的原因,是生物原有的食物链被中断了,诸多生物之间的关系以及生物与无机物的关系不正常了,也就是说,生态失衡了。通过各种手段修补生态关系,恢复生态平衡成为人类的中心任务。

在对社会认识上,人们的观念相应也发生了变化。一个新的时代似乎出现了,如果说工业时代,以技术为主题,体现为人类对自然大规模的掠夺的话,那么,在新的时代,则以生态为主题,人类与自然的关系也经由掠夺与反掠夺的敌对关系改变为和谐共生的友好关系,一种新的文明出现了,这就是生态文明。这个新的时代,学者们或称为后现代或后工业时代。

在人类一切有关生态平衡保护活动中,大致可以分为消极与积极两种。消极的,为保护而保护,目的是单一的;积极的，在生产中保护，目的是多元的，保护只是其中之一。农业属于后一种。道理很简单，农业所涉及的诸多自然物一直存在着完整的食物链。只要人重视这种食物链，不去执意破坏自然之间原本就具有的生态关系，它就是生态平衡的。后现代的农业与此前时代的农业在本质上没有什么不同，如果说有什么不同的话，那主要表现在两点：

第一，提升农业生态保护的功能，农业原本具有生态平衡的功能，只是这种功能长期以来没有被提升到自觉的高度。人们从事农业，目的只有两条：为人类提供生活资料，为工业生产提供原料。但维护地球生态平衡从来没有作为目的提出来。尽管维护地球生态平衡是农业生产自身的功能，但是，如果不能作为目的提出来，就容易遭到忽视，而且也有这样的可能：因为片面追求某种农作物的高效率、高收益，致使原本合理的生态平衡遭到破坏。这类的事例不是没有发生过，最为突出的是外来物种的引入，由于控制不当或难以控制，招致当地原有生态平衡的严重破坏。后现代农业为农业增加了一条使命：生态使命。

农业的生态使命具体可以分为两个方面。

其一是为人类提供绿色食品。关于此，早在上个世纪20年代就有人提出来了，其理论为"有机农业（Organic Faming）"。英国学者巴弗尔（Balfour）认为，土壤、植物、动物和人类的健康是息息相关的，他主张通过调节土壤的办法来让农作物良性生长，以保证农作物不含有害于人类健康的元素。上个世纪中叶，日本学者吉田茂提出"自然农法"，所谓自然农法，就是尊重自然规律、尊重自然的秩序与法则，

"充分发挥土壤本身的伟大力量来进行生产"。有机农业禁止使用化学肥料、化学农药。这样做,似乎是回到了原始农业,原始农业是没有化学肥料和农药的。这样,产量是不是很低?如果仅仅只是这样,那产量无疑是很低的。但是,有机农业不只是采取"减法",也实行"加法",通过高科技的手段促使作物朝着人需要的方面发展,提高作物的品质与产量。

其二是让恢复或保持生态平衡明确地成为农业生产的目的。关于这方面,有两种情况:一种情况是农业生产与生态维护双赢,也就是说,既维护了自然生态,又获得了良好的收成。另一种情况则是维护了自然生态,但影响了农业的收成。前一种情况当然好,也正是我们努力的方向,但是,第二种情况的出现有时是不可避免的,为了整个地球的生态环境,农业有时需要做出这样的牺牲。2003 年,笔者参加在芬兰召开的农业美学国际会议,会上就有这方面情况的介绍。中国其实也早有这方面的实践,像退耕还林、退田还湖这样的工程,也是以牺牲农业的代价来换取生态的修复。

农业的生态使命日益凸现,使得它原本具有的生态审美这一性质得到彰显。生态美其实不是一种独立存在的美,而是一种审美性质。它大量地存在于自然界中,自然界本身具有生态,因而自然美具有生态性。

经常将生态性与生命性混为一谈。其实这两者的区别是很明显的,生命性重在个体生命的状况,而生态性则重在生命之间的关系。某一自然物生长旺盛,并不意味着这个地方生态良好。生态审美看整体,生命审美看个体。后现代的

长江堤岸深秋风光

农业审美重在生态性，准确地说以生态为本位。

后现代农业因为建立在高科技的基础上，农业原有两个目的——为人类提供生活资料和为工业提供原料的实现不是太困难的，在此背景下，它的两个潜在的功能——生态功能与审美功能倒是给彰显出来了。生态功能已如上述，审美功能突出表现为"观光农业"这一新生事物的出现。农业的观光与自然山水的观光，其区别是显然的。自然山水的观光，所欣赏的对象是自然创化的产物，那是自然美。农业的观光所欣赏的对象是自然创化与自然人化共同的产物，是准自然美，实质是文明的美。虽然是文明的美，它又不同于例如建筑这样的美，它具有自然性。因此，它与社会人文的观光是不同的。另外，不论是自然山水的观光还是社会人文的观光都只在"观"，而农业的观光却不只在观，还在"做"——

农作。观光客可以在农场从事力所能及、兴之所致的农业劳动,感受劳动过程的美感。从人对审美的需求来看,它具有多元性。人类既需要自然山水的观光、社会人文的观光,也需要农业的观光。随着后现代的到来,农业的观光其前途不可限量。

## 第四节 新农村的审美愿景

当人们主要靠渔猎采集为谋生的方式时,就直接生活在自然界中,或洞居,或巢居,基本上不需要盖房子。哪里有可渔可猎可采集的食物,就到哪里去生活。这个时候,人们没有家园这一概念。

农业生产就不同了,农业要种植谷类食物,要豢养牲畜,不能不定居下来。定居就要盖房子。汉字"家"上为一个宝盖头,那就是房,中间有一个豕,代表着农业。既然人类最初的"家"是农业的产物,有农业才有家,既然我们将环境的本质看成是"家",将环境美的本质看成是"家园感",那么,我们就有理由认定,原始农业实际上是环境哲学包括环境美学的胚胎。

农村是作为人类的最初的家,目前,尚是主要的家。作为人类最初的家,农村具有四种重要的审美优质:

一、它能让人比较多地与自然相亲和。农村,举目就是自然,不是原生态的自然,就是农作物的自然。人来自自然,具有亲自然的本性。工业社会造成的城市,一个共同的特点是将自然赶出城市,市民远离了自然,人的亲自然性得不到实现，人性在某种意义上异化了，诸多的城市病其实根源于人与自然的疏离。农村这个家能较好地满足人亲和自然的需要。

第二，它能让人直接地与自然生命进行交流。农业生产重要性质之一是人直接地参与培育自然生命的活动。生命是地球上最高意义的存在，地球上的活动最具有意义的莫过于生命的活动，其中尤其重要的是生命与生命间的交流。种植谷物、豢养牲畜，既是人的生命在培育物的生命，也是人的生命与物的生命在进行着交流。"天地之大德曰生"，在人类的一切活动中，还有什么比生命与生命的交流更具有审美意义的呢？

第三，农村有更为丰富的人际交流。众所周知，工业社会中，生产与生活是分离的。生产中，工人在相当程度上依附于机器。工业化程度越高，人对机器的依附就越强，主体性就越弱。农业生产也需要使用机械，但是，农业生产仍然有很多的手工活。在手工劳动中，生产伙伴之间有更多的沟通，不仅有工作上的协作，而且有情感上的交流。正是因为劳动者在生产中有这样的密切关系，使得农业生产较之任何一种生产更自由，更愉快。

第四，农村的环境特别广阔。现代人对于生活环境，非常看重个人的自由空间，因此，环境的审美评判，疏朗感就显得很重要。这方面，城市有许多无奈。太多的建筑、太多的汽车、太多的人，将个人的生活空间挤压到难以容忍之窄。这方面，农村无疑具有很大的优势。显然，生活在农村这种环境，人的心胸是易于开阔的，而思维也会更为自由与活跃。

农业的发展与农村的建设是联系在一起的。农村该如何建？比较普遍的做法是将农村建成小城镇。农村就是城市的缩小版。对于此种做法，笔者是忧虑的。城市化所产生的种种弊病，难道还要浸染到农村去吗？

笔者认为，农村建设除了坚决执行国家的土地政策，尽量不占用可耕地以外，在环境美学原则上，有一个基本点，那就是必须保持农村的特色，突显农村的优点。

首先，农村特色的问题。农村作为生活环境，其突出的审美优质是拥有更多山林、草地、河流，而且它主要不是人造的，而是自然原本就有的，野生的。新兴的农村建设一定要突出这一点。与这个问题相关，农村建设要充分注意与自然山水相结合，依山傍水，显山靓水，突出人与自然的亲和性。

浙江省金华地区太极村风景

从景观来说，农村景观的特色是农业景观，那就是田野、牧场、种植基地等，不要让新兴的农村离开这些景观，反过来，倒是特别需要亲近这些景观。不可设想，到农村去，看不到水稻、麦地，看不到牛、羊。如果这样，那就是农村建设最大的失败。

农村特色与农业劳动的这种生产方式相关。农业劳动主要是以家庭为本位，为了适应这种生产方式，新农村建设宜以家为本位，一般是一家一栋，屋宇以院落式为主，一定要接地，以便于农民停放自家车辆和农具农械。

农村特色还与农家生活方式相关。新农村建设一定要突出农家生活主题，以舒适、宽松、自由为特色，让农民们有更多的交际空间。

基于农业劳动与农家生活的特色，农村建设宜散聚结合，既有相对集中上千户的乡镇，也不妨有一两户、三五户小的村落。不宜一律集中，全建成城镇。

其次，村庄特色问题。农村建设要求各个村庄都要有自己的特性，万不可一套图纸，各村克隆。平原地区农村，地理特色不鲜明，如果村庄建设成一个样式，那就很难分别了。

这里，美学的和谐性问题仍然值得农村建设者注意。农村建设不仅要注意与地形地貌的和谐，而且要注意与传统文化的和谐。我国东南地区一些先富裕起来的农村，在建设自己的新村庄时，盲目搬用西欧或北欧一些村庄的模式，弄得不伦不类。中国农村一定要像中国农村，不能将欧洲农村的风格搬到中国来。美国当代环境美学学者阿诺德·伯林特说："没有考虑到本地的建筑传统而采用外国的地区或种族设计风格的作品从不会让人觉得舒适。这就如同在缅因州的海滨村庄里建造西班牙的庄园或是瑞士山中的牧人小屋一样。"阿诺德将这种美学上的大忌称之为"不适宜性"。

中国目前的城市化基本上是按照城市的模式改造农村，实际上是消灭农村。这种做法体现了工业社会的发展需求，然而，信息技术等高科技的出现，实际上正在将社会推向后工业时代，后工业时代的城市已有向农村回归的趋势。农业生产本来更切合人性，而农村也本具有宜居和乐居的优势。这种优势，在落后的生产力的条件下是低层次的，但借助了工业社会高科技的优势和后工业社会新的农业观念，它有可能发展到新的水平。在城市化的背景下，得利最多的是农村，农村在保留自身特色的前提下，要尽量地吸取城市的优点，其中，最重要的是城市文明的生活方式。当农村日益富裕起来时，农民享受市民的生活方式，不是太遥远的理想。

在现代化的今天，农村不仅不应该被消灭，而且要建设成人们的乐园。未来的农业劳动在高科技的武装之下将变得轻松。农业生产天然具有的直接与生命交流的特色不仅会继续保持，还因高科技的参与变得浪漫而有趣。农村，不管是小镇还是村落，都不仅拥有优越的自然风光，而且还拥有现代化的生活设施。生活在农村，工作在农村，定然成为许多人的追求。未来的农村将成为人类理想的生活环境。

总之，新农村的未来愿景是文明化而非城市化。

整合了高科技的文明性与农村本已具备的自然性、生态性所建立的农业生活方式，将成为城市人向往的一种生活方式，因为这种生活方式更切合人性而更具有审美的魅力。

未来的农业应该让人类更幸福，未来的农村应该是人类真正的伊甸园。

# 第六章　城市环境美(上)
## ——城市审美意境

如诗,如画,如歌,人们经常用这些美好的词句来表述对一座城市的赞美。的确,美好的城市如艺术,然而,所有的艺术都不如城市。艺术,不管哪一门艺术总是某种意义上的虚拟存在,电影、戏剧那么像生活,但它是生活吗?不是。而城市是切切实实地存在,它是我们的家园——人类自走出丛林后最重要的家园。人类所创造的文明,绝大部分集中在城市,可以说城市是人类文明的汇聚地。城市,几乎从它诞生的开始,就一直是人类向往的生活环境。

农村虽然也很美,但农村的美,美在天然,基本上没有经过规范师设计过,何况农村的美相当一部分不是来自村舍,而是来自田野,来自大自然。然而,城市,几乎从它诞生起,人们就开始精心打扮它了,绝大部分城市都是经过规划的。人们的艺术才华,除了向艺术品倾斜外,大量地就是投向城市了,城市具有艺术性,而且几乎融汇了一切艺术门类的艺术性:既有诗的艺术性,又有画的艺术性……既如此,对于城市美的描述,我们也就移用艺术学的范畴——意境。意境是艺术美的存在方式,艺术美在意境;我们可以同样说,城市也具有意境,城市美,也美在意境。

## 第一节　城市意象：复合的生命

　　意境的基础是意象，意象之本在象，象在城市中即为城市景观。

　　景观从大的方面言之，可以分为自然景观和人文景观。这两种景观在人类最主要的两种居住环境——城市和农村中的分布是不一样的。农村自然景观多，城市则人文景观多。

　　人文景观在本书中指的是人造景观，即人的全部制品。人文在这里取人工义，不是指西方文化复兴时期兴起的那种体现人的觉醒的人文主义，也不是某些哲学书上说的与科学主义相对的人文主义。人文在本书中只与自然相对。

　　城市是人类文明汇聚地，人类最重要的创造，均集中于此。从大的方面来看，城市景观最突出的体现者是建筑。农村也有建筑，但最好的建筑、最多的建筑均在城市。

　　临近一座城市，在地平线上首先露出的是什么？建筑，不是孤立的一座建筑，而是一排或一组建筑。这个时候，人们心跳了，心热了，知道目的地快到了。建筑给予行者就是这样一种温暖——家的温暖。

　　在人类的文明创造史中，建筑，无疑具有最重要的地位。当初民从丛林中走了出来，在地面或地下建起一座屋子——一个家时，他足以骄傲地说，我已经不是动物了，我是人了！

　　各种不同的屋子，显示着不同的功能，也显示着人类不同的文明。当历经数世纪而成的科隆大教堂耸立在九霄云中之时，即使万能的上帝也不能不慨叹，自己不是伟大的，人类才真正是伟大的。

千万不要将建筑只是看作物。作为人的造物、人的用物以及人的观赏物，它渗透了人太多的情感、太多的思想、太多的才华，某种意义上，它是人类创造的一个属于自身的代表，一个物态化的人，不是哪一个人，而是人类或者说人类的某些部分。

建筑的美，绝不只在它的外表，还在它的内涵，而且主要在其内涵。

建筑是时代文明的缩影，它浓缩并代表了那个时代哲学、政治、经济、文化、艺术、科技、审美的精粹。建筑的美是人类全部文明的结晶！

如何看城市建筑，似是不成问题，其实是大成问题的。城市部分居民喜欢新建筑，城市的管理者更是喜欢做新建筑。这本来也是合理的，问题是，城市做新建筑往往需要拆除旧建筑。不是说，旧建筑都不能拆，但绝不能随便拆。这其中涉及的问题非常多，暂不展开，仅就审美观来看，对于城市中的建筑，应该持两种不同的美学标准：对于新建筑，持一套标准，对于老建筑，则要持另一套标准。不少老房子，今日仍然富丽堂皇，如法国罗浮宫、中国的天安门、故宫。更多的老房子的确过时，外观不好看了，甚至残缺了。但你不能只看它的外观，要看它的内涵，要善于透过它的象，看它的意，穿越时代的风雨，想象复活它所发生过的故事。这个时候，你就会感到，老房子是很有生命的。说到房子，我们第一总是想到它的功能——居住。但须知，房子的功能绝不只在此，严格说来，老房子不只是用来住的（尽管不少今天还能住），还可以用来承载历史，承载故事，承载智慧的，这一方面的功能是任何新房子不能代替的。

一座有底蕴的城市应该保存各个不同历史时期的代表性的建筑。这样，新老杂陈，城市的色彩难免会因此色彩斑驳，这正如爷爷的脸，满是刀刻般的皱纹，还有老年斑，不光洁，不漂亮，远不如小姑娘的白脸，但是，你难道不感到这样的脸，充满了历史沧桑，既让人惊心动魄，又让人思绪万千，岂又是小姑娘的嫩脸可比的？

土耳其海滨城市安塔尼亚

喜新厌旧，是人们的普遍心理。中国各地，几乎所有的城市都变成了新城市，历史被削平了，爷爷的脸看不到了，眼前闪动的全是小姑娘的脸！这不让人感到很可惜？

一座有历史底蕴的城市，还是多保留一些老建筑为好，要说美，这也是一种美——崇高的美，车尔尼雪夫斯基说是伟大的美。

城市景观一是看建筑，二是看街道。建筑是音符，街道是旋律，音符只有组织进旋律才有它的美。

现在，最为普遍的问题是：许多城市有不错的建筑，却没有不错的街道。街道的问题一是景观单一，缺乏变化。一条大街长达十几公里，景观大体差不多，进入街道，开始人们可能还有几分振奋，很快，就审美疲劳了。二是过于拥挤，不够疏朗。经济社会的人们过于看重土地价值，市区房子盖得过密过紧，人的活动空间太小，视界迫促，不要说人处其中，心慌意乱，就是车行其间，也意欲逃之夭夭了。中国现今的新城，够得上疏朗的极少，因此，只要略略让人感到景观有变化、建筑有空隔，就很舒服了。

城市景观是联系着它的不同功能的，或为商业区，或为工业区，或为生活区，繁多功能呈现出不同的形式，不同的形式实现着不同的功能。功能与形式在城市是统一的。这种统一具有多种意义，意义之一是审美的，而就审美来说，这种统一就构成了审美意象。审美意象是一个充满生命意味的整体，支撑这个整体的是它的结构。结构于意象的意义，如同叶脉对叶片的意义。

意象的结构建立在功能的基础上，所以，支撑的首先是功能，但绝不只是功能，还有审美。审美与功能在这里是统一的。虽然是统一的，审美还有属于自身的要求，它必须体现出审美的规律，符合人类的审美心理，见出当地的审美个性。凡此种种，就只能意会了。

从审美的有机结构来说，城市意象讲究"一"。用艺术来比喻它，它是一首诗，一幅画，一曲交响乐……似是出自一位伟大的艺术家之手。

从审美的复杂结构来说，城市意象讲究"多"。用艺术来比喻它，它是复合的艺术：无数的诗、无数的画、无数的乐在城市中进行着变化万端的综合与展开，根本找不到它的创作者，人人都是艺术家，人人都是城市的创造者。

人们既可以出乎其外看城市意象，也可以入乎其内看城市意象。出乎其外，人与城市两立，这城市意象很清晰，似可以把握；然入乎其中，人与城市融为一体，这意象虽不能说不清晰，却是不能把握的了。

理性地评说城市意象，人们最容易犯的错误，就是将以建筑为中心的物的组合看成为景观的主体或者全部，而忽略了城市意象两个最为重要的因素：一是自然格局，一是人文风情。

城市意象中，自然地理是基础。所有的城市均是依据着一定的地形、地势而建设起来的，后来的城市建设者在从事着城市新建设时一定要高度重视这原有的地理格局，千万不要随意改变它的格局。

当今的城市建设中，最大的失误是对城市自然地理格局的破坏。

城市中的山，是极为珍贵的。如果是孤立的小山丘，也不是不可以削平，然如果它处的位置十分重要，涉及城市格局，比如说是中国风水学上所说的"龙脉""神砂"①所在，就

---

① 中国风水学说的"神砂"通常是指阳宅或阴宅周围四种有象征意味的自然山水，名之为：左青龙，右白虎，南朱雀，北玄武。

需要格外谨慎了。任何不当的破坏，均有可能带来难以弥补的损失。城市中的山一般来说，只可依，可据，可临，而不可囚，不可劈，不可屈。常见的错误做法有三：建一排高楼将大山遮挡起来，此为"囚山"；将山劈去一半，盖成楼房或广场，一半残留，示众谢罪，此为"罪山"；将楼房建得远高于山，硬生生要将山压了下去，此为"屈山"。

城市中的水，以河、湖为主，同样存在尊重的问题。现在常见的错误做法也有三：一是填，武汉市区原有百面湖，现存不足三十面，哪去了？填掉了；二是污，让各种污水全灌进河湖，让清水变成黑水、臭水；三是围，在河岸、湖岸建起太多的住宅区，将河湖给围起来。可怜河、湖成为少数人的宠物，一点自然野性也没有了。

对于现代城市来说，比之山，也许水显得更重要。美国亚利桑那州的凤凰城地处戈壁沙滩，水极珍贵，当地政府在市中心建立了一面湖泊。阳光下，蓝色的水面熠熠生辉，整个城市因它的出现，而变得更加美丽。中国的嘉峪关市同样地处沙漠戈壁，因为这座城市具有丰富的雪山水源，水区内有多面湖泊，所以，成为著名的塞北江南。

对于城市中的山水格局，一是尊重，二是彰显。城市的人文景观要善于利用它为背景，并与之相和谐。

城市景观中，人文风情十分重要，人文风情，就是文化，不是物的文化，而是人的文化，是市民的生活。

千万不要将城市景观看成静态的，它是动态的，不仅是城市自然现象时时在变化着，更重要的是城市的人在活动着。城市中种种动态景观，实际是人创造的。这其中，有些构成了独具特色的地域文化，如北京的文化人称京派，上海的文化人称海派，广州的文化人称粤派。

也许重要的还不是这具有一定概括性的"派"，而是诸多的活生生的个人。城市既是他们的家园，也是他们的舞台：在家园憩息，在戏台表演，绵绵无绝却又绝不重复的各路英雄的风云际会、每天上演却绝不雷同的诸多百姓的悲欢离合，让城市充满着活力，充满着生机。严格说来，这才是城市主要魅力之所在。

俄罗斯建筑学家伊利尔·沙里宁曾说过："让我看看你的城市，我就能说出这个城市的居民在文化上追求什么。"①这句话有着双重含义：一方面市民塑造着城市，另一方面城市也塑造着市民。有什么样的城市，就有什么样的市民；同样，有什么样的市民，也就有什么样的城市。

在欧洲的一些小镇旅游，对小镇的美非常震撼。这些小镇多是依山而建或临河而建，高低错落，色彩缤纷。几乎没有一栋建筑是一模一样的，整体上很和谐。大体上，每个小镇都有一座教堂，位于小镇中心位置。教堂的尖顶耸入云霄。每到规定的时间，教堂中传出响亮的钟声，回荡在蓝天白云之间。这样的小镇，如果只是看看外观，那是可以当作一幅画来欣赏的，然如果真正要领略小镇意象的魅力，不能不走进小镇，感受一下小镇居民的生活。一般来说，小镇都非常恬静。小块麻石铺就的路面，非常干净。路人不多，偶

---

① ［俄］伊利尔·沙里宁：《城市，它的发展、衰败和未来》，中国建筑工业出版社1986 年版，第 302 页。

德国西部小镇风景

遇，交臂而过，均要致意，笑意微微。宁静，这是我从欧洲小镇所获得最突出的印象。中国的江南小镇，也多是依山临河而建。建筑风格不同，也少有教堂，但这不是最重要的区别，重要区别的是镇上的人文风情。中国小镇的意象适用一个词来形容：热闹。到处是涌动的人群，充耳是嘈杂的话语，放眼是琳琅的商店。欧洲小镇与中国江南小镇都很美，很迷人，却是完全不同的风格，这难道主要不是因为活动在镇上的人而只是它们的建筑吗？

人文风情是城市意象中最灵动的因子，某种意义上说，它就是城市意象的生命之本。

## 第二节　城市意蕴：醇厚的陈酒

从意境的维度看城市，城市的内在意蕴是非常重要的，所谓城市意蕴即城市景观所蕴藏的意义。城市意蕴是城市意境的决定性因素。

哪些东西构成城市意蕴呢？在笔者看来，主要有三：城市的功能、城市的文化和城市的历史。

城市的功能可以分为共同功能与特色功能。尽管所有的城市有着大体一样的功能，但是不同的城市仍然有着不同的定位，有些城市重在政治地位，有些城市重在工业地位、商业地位，还有些城市则主要以教育而著名。城市功能上的特色成为城市意境中的主题，它是城市意境中意的重要构成因素。

美国大城市纽约与华盛顿的区别是如此分明，前者因为重在商业，因而有它众多的繁华的大街，有众多的摩天大厦，而金钱无疑是它的灵魂，经济的活力是它的主旋律；华盛顿则完全是另一种风格，它是美国的首都，功能上的鲜明性，使这个城市成为美国文化的集中代表。宽广的华盛顿广场以及广场上那高高耸立的华盛顿纪念碑，还有雄伟的国会大厦、朴素的白宫，综合起来成为美国的象征。

功能是城市活力主要所在，人们就是奔这个功能来到这座城市的。功能上的突出，最易见出城市的特色，显出城市的美。

其次是文化。广义上的文化是包括人类所创造的一切物质文明与精神文明。我这里说的文化主要是精神文化。每个城市在精神文化上有其特色，这种特色也许跟城市的特殊功能有关系，也许没有关系。

精神文化最易见出特色的是宗教，如耶路撒冷，因是基

美国华盛顿广场上的国会大厦

纽约曼哈顿大街

督教、伊斯兰教的圣城而著名，但也不只是宗教。笔者访问
过美国新奥尔良市，这座密西西比河边的小城是爵士乐的发

源地，一到晚上，各种爵士乐在许多酒吧演奏，来自各地的歌手与普通游客共同高歌，尽情宣泄，满街的游人与绣楼上的仕女对抛彩色珠练，头顶上一条条彩色丝带飞舞。狂欢的人们简直要将这座小城掀翻。这座城市有鬼节的习俗，所以好些商店还卖着骷髅艺术品。

文化可以是历史文化也可能是现代文化。众所周知，古希腊的雅典，就因其保存了众多的历史名胜而具有特殊的魅力。像美国的硅谷就以现代电子工业密集而著名，笔者曾参观著名的苹果电脑公司，散布的厂区以不同颜色的苹果电脑标志相区别，令人感到新鲜而又亲切。

特色文化一方面来自传统，另一方面也来自新生活打造。湖南长沙原本是谈不上特色文化的，但现在这里的娱乐业很火，湖南卫视不断推出新的娱乐节目，有些还成为了著名的品牌。此外，长沙还赢得全国电视金鹰节的举办权，历届金鹰节均办得红红火火。娱乐业带来了长沙的繁荣，也逐渐成为了长沙的特色文化，极大地提升了长沙的知名度和美誉度。

谈到文化，人们就会联想到历史。历史对于城市来说非常重要，大凡具有悠久历史的城市更具魅力。值得强调指出的是，悠久的历史一是靠文字记载来证明，二是靠地面上的实物来证明。就环境审美来说，地面上的实物留存优于文字记载，道理很简单，这些实物是感性的存在，是可视的，或可听的，因而具有强烈的审美冲击力。马克思家乡特里尔城保留着古罗马时期的城墙，人们称之为黑城门，又称尼古格城门，初建于约 180 年，当时的古罗马人喜欢用大块的立方形砖石建造建筑，尼格拉城门中最大的一块重达 6 吨。水平的石与石之间不用水泥而是用铁钩固定。这是一座极其雄伟的建筑，虽然岁月将其表面涂抹上黑灰色，部分的墙面有缺损，但它具有的魅力是无法估量的。仰望着这座城门，脑海里出现的却是罗马大军从这城门通过的情景，欧洲历史似一页页地翻过……

德国特里尔的黑城门

中国的历史文化名城西安系中国最强大的朝代汉朝、唐朝的都城，虽然由于历史的原因，它的古迹没有充分地保留下来，但是，耸立在城中的大雁塔系唐代建筑，中国古代不少著名的诗人如李白、杜甫、岑参均留下许多著名的诗篇。杜甫诗句掠过心头："高标跨苍穹，烈风无时休。自非旷士怀，登兹翻百忧。方知象教力，足可追冥搜。仰穿龙蛇窟，始出枝撑幽。七星在北户，河汉声西流。羲和鞭白日，少昊行清秋。秦山忽破碎,泾渭不可求。俯视但一气,焉能辨皇州?回首叫虞舜,苍梧云正愁。惜哉瑶池饮,日晏昆仑丘。黄鹄去不息,哀鸣何所投? 君看随阳雁,各有稻粱谋。"(《同诸公登慈恩寺塔》)中华民族在这块土地曾经创造过多少辉煌,又留下多少难以平复的遗恨与喟叹! 俱往矣,情感之复杂,又岂能明白道出?

在城市的所有文化中,历史文化具有特殊的魅力,它好比陈年老酒,年代越久,不只是越芳香,更重要的是越醇厚。城市意蕴需要的是这份厚,这份醇! 对于城市意境来说,醇厚是最重要的。也许,现代特色文化,人们是可以发挥才智创造的,硅谷以电子工业密集为特色的文化不就给创造出来了吗? 但是,历史是不能创造的,有历史就是有历史,没有历史就是没有历史。美国的华盛顿作为美国的首都也就不过两百年的历史,虽然它也很有魅力,然就因为历史不够长,它的魅力就打了折扣。

人类不是地球上最早的生物,地球上现存的动物中尚有比人类更早的,但是,这些动物没有历史感,只有人有历史感,可以说人是地球上唯一有历史感的动物。历史感是人性之一,因为它是人类自我意识的突出显现之一。人之所以能够在地球上生存,且发展,进化,达到如此高的文明水准,其中重要原因之一就是人有历史感。人是在反思历史、反思自己中前进的,所谓"前事不忘,后事之师"。所以,在评价城市意蕴的深浅丰贫上,应将城市历史的悠久、历史遗存的丰富和高品质放在第一位。

就美学的维度言之,审美的最高范畴 ——意境,其重要特点是"象外有象""味外有味"，让人的审美思绪引向无穷，让人的审美想象引向无限。意境之意有定向无定准，它是开放性的，发散性的，无确解的。优秀的艺术作品均有这样的特点。城市也一样，具有很高美学品位的城市，其景观应该不是一览无余的，其意蕴不是一品而尽的。这样的城市，无疑以历史文化名城居多。道理很简单，文化一旦成为历史，它就与现实存在着一定的疏离，不那么切近现实的功利，相对就允许人们做出较为自由的理解；更重要的，它的真实面目变得不够清晰，某些细节或缺失或模糊，因而也需要人去进行想象，以完善，以补充，以丰富。这样，它的审美的广度与深度就发展了，这样的城市难道不更具有审美魅力吗？

城市意蕴作为城市意境的重要组成部分，它有两个至关重要的问题：一是意蕴的积累和创造，这在上面已经做了一些阐述。另外，就是意蕴的开显。意蕴的开显决定于景观的设置特别是起着关键作用的景观节点的设置。只有恰到好处的景观节点，才能最有效地开显城市的意蕴。

每个城市都有它的最具有代表性的景观节点，这些景观节点不仅是城市意蕴的重要开显者，而且多是城市的标志，如北京的紫禁城，罗马的斗兽场，巴黎的埃菲尔铁塔。值得说明的是，城市的景观节点相当于诗歌中的"诗眼"。中国意境理论集大成者王国维说："'红杏枝头春意闹'，著一'闹'字而境界全出。'云破月来花弄影'，著一'弄'字而境界全开矣。"①河北承德的棒槌山，是承德的重要标志。进入承德，

---

① 王国维：《人间词话》卷七。

远远地就见到了这座山,它颇具特色的造型,让人永远难忘。每座城市都可以找到这样的诗眼,武汉的黄鹤楼、岳阳的岳阳楼、南昌的滕王阁,它们分别成为这三座城市意境的诗眼。

当然,一座城市可能不止一个"诗眼"。纽约哈得逊河口的自由女神像无疑是纽约意境的诗眼,不过,大都会博物馆、中央公园、曼哈顿的摩天大楼也许也是。而且诗眼也不是固定的,当城市新的意象形成时它就出现新的诗眼,原来的诗眼也许就降为平常的景点了。

城市意蕴是打造的,更是积累的,非一日之功,试图在一个短时期内创造出深厚的城市意蕴,那是自欺欺人的笑话。

## 第三节　城市特色:素以为绚兮

关于城市意境,我们最后还需强调它的特色。一首诗、一首歌曲,结构完整固然是重要的,但仅只是这一点,充其量只能说明它是一个艺术品,还不能证明它是一个优秀的艺术品。优秀的艺术作品不仅具备艺术的基本要素,结构完整,而且必然是具有个性特色的,而且这个性特色是具有独创性的。城市也应该这样,从美学意义来看城市,城市是一件艺术品,是一首诗,一幅画,它有意境,这意境必然是具有个性特色的。

城市特色不外乎来自两个方面:自然和人文。

首先是自然,城市中的自然是城市的骨架,这是最为重要的,一定要尊重城市中的自然骨架,并且让它彰显出来。像武汉这样因近代开埠而发展起来的工商业大城市,如果只看功能，只看建筑，它没有也不太可能有自己的特色，同类的城市如上海会比它更出色。武汉有租界，上海也有，上海的租界不论是原来的规模还是现在的保存都比武汉好。武汉近几年盖了一些高楼，上海也有，而且盖得更多，更好，更雄伟，更有震撼力。武汉唯一有自己的特色，足以在中国所有的城市中堪称翘楚是它拥有 100 面湖泊，其中东湖、汤逊湖、侯官湖均达 30 平方公里。这种靠老天爷恩赐的财富，不要说中国的城市，就是全世界的城市都没有。非常可惜的是，半个世纪来，这份财富没有保护好。100 面湖泊减到 27 面，现存的湖泊，多遭到严重污染，少数水质尚可、风景尚佳的地方也为各种或丑陋或凌乱的建筑所包围，真让人为湖泊而深深叹息。看看美国的芝加哥，这里没有很多面湖，就一面，而且此湖也不专在芝加哥的地面，它跨美国的几个州，并且进入到加拿大。这湖名密歇根湖。芝加哥人对这面湖的保护让人叹为观止。城市街道虽然临湖，但相距一公里左右的距离，城与湖之间是大片的草地。能有资格濒湖的只有几座堪为世界级的博物馆了。湖面没有游船，为的是不让污染。清洁透亮的湖水，映着阳光，熠熠生辉，让人直想与它亲近。芝加哥并没有以湖著名，它还有称得上自己个性特色的东西，但这面湖也足以让它骄傲于世了。

其次是人文，人文非常之多，哪一种都行，只要有正面的意义，有足以在世界上数得着的地位。就景观来说，最具视觉震撼力的当然是建筑了，最能体现工业文明的建筑，不管是就整体规模还是就单体风格来说，莫过于纽约曼哈顿了。现在世界上不少城市仍然想在建筑上取胜，吉隆坡的名为双星塔的摩天大楼可以说为经济算不上发达的吉隆坡挣足了面子,同样,北京的奥运体育馆也为北京构建了一处靓丽的风景,堪称北京的新脸面。的确,建筑在构建城市特色上比较地容易,但是,它不是最佳的手段,因为建筑毕竟是外在的东西,如果没有相当的内涵充实,它就只是一个空架子。欧洲维也纳城的建筑谈不上首屈一指,但是很典雅,很和谐,很耐品,这座城市以音乐而名闻天下,这其中与一座建筑相关,这座建筑就是金色大厅。金色大厅就外观来看,很平常,甚至还有点俗,走进去,诚然金碧辉煌,但与现代的音乐大厅相比,不论其气势,还是其奢华度都要逊色得多。但是,这座很小的音乐厅无疑是所有音乐家为之顶礼膜拜的神圣殿堂,也是广大音乐观众心向往之能感受到无比快乐的审美佳境。音乐,主要是欧洲近现代的古典音乐以及与音乐相关的演奏大厅,让这座城市风光无限。

金色大厅

　　城如人面，是各不相同的，问题是作为城市特色的人面，不能如自然人面一样，只有些许差异。些许差异不足以构成城市特色，不足以造就城市意境。扩大景观差距，强调外在和内在的特色本应是城市建设的追求，现在可怕的是，诸多城市不仅不在特色上下工夫，而且在尽量地削除自己的特色。像北京，作为从元以来近千年的古都，堪称东亚中世纪至近代的文明魁首，但是，自民国以来，它原有的城市格局不断遭到破坏以至面目全非。北京除了还保存一些旧地名，从这些旧地名如王府井依约还可想象它当年的情景外，它完全是一座现代化的新城了。为什么会这样？根本原因当然是工业文明总体趋向所致，旧北京的确难以承载现代文明了，但是并不是不可解决的，人们完全可以完整地保存一个旧北京，而另建一个可以承载现代文明的新北京。很可惜的是，人们并没有这样做，采取的办法是基本上撤除旧北京以建设新北京。虽然北京还有皇城存在，但处于新建筑的包围之中，怎么看也不协调，这不能不说是一种悲哀。吴良镛院士在《关于北京旧城区控制性形象规划的几点意见》中指出："今天的北京旧城……皆已面目全非，出现一片片'平庸的建筑'和'平庸的街区'。"①这种严厉批评之声不独出自国内，也出自国外，德国《商报》以《无所顾忌的狂热建设使北京变成了一座没有特色的城市》为题的评论中说："……这个城市没有轮廓，没有面孔。"②为什么会这样，因为地球上的任何

---

① 吴良镛：《关于北京旧城区控制性形象规划的几点意见》，《城市规划》，1998年第 2 期。

② 转引自《高楼大厦少风格，传统建筑待保护》，《参考消息》1995 年 4 月 26 日。

文明虽然其创造出自某一民族,但作为人类的创造,它属于全人类。

面临当代城市的"特色危机",越来越多的人参与到对城市设计的质疑与对出路和政策的寻找中去。然而这种质疑和寻找往往带有急功近利的肤浅,急于制造、规定和模仿特色,却远远忽略了特色从何而来这一根本性的问题。主观制造出来的所谓"特色"只会让城市面貌愈加混乱。

如何打造城市的个性特色,这是一个非常有意义的问题,一直受到城市规划师们的重视,而其实这个问题远远超出了规划师的工作范围。城市的个性涉及诸多方面,不仅有现实的,还有历史的;不仅有人文的,还有自然的,它是一种合力的产物。尽管如此,作为城市的领导者,城市的规划师仍然需要在深入认识自己城市的基础上,科学地把握城市个性的发展方向,有意识地朝着这个方向努力,虽然未必能完全达到期望值。这里有两种偏向是需要注意纠正的:

一种是对于城市的历史和现实包括城市的自然、社会诸多方面不做深入的研究,也不对城市的未来做科学的规划与合理的想象,一任城市无序地发展,最后整个城市就像是一堆建筑垃圾。一般来说,每一个城市都有自己的发展规划。但是有规划并不等于遵守规划,在城市的发展中,破坏城市规划的行为并不少见。自然,在城市的发展中,需要根据新的情况不断地修编,但修编是一件严肃的工作,是需要经过一定的程序的。中国城市建设的无序状态非常严重,通常是建了拆,拆了建,浪费之巨,还可计算,而对审美的伤害,则无法估量了。尊重规划,科学地有创造性地执行规划,城市的建设才能有序地进行，城市的个性才能得以完善，其魅力才能得以彰显。

另一种是完全不顾及城市的历史，试图按主观意图建造一个新城，由于心目中没有历史，自然也就谈不上保存城市的历史风貌，特别是历史文物，也许，新城最后建起来了，因为割断了文脉，这座新城也就没有了根基，可谓得不偿失。

一定要记住，创造城市的特色要从城市自己的根上着手，从自己城市的本色入手。没有根的特色，就好比在脸上涂上胭脂，虽然好看，但一洗就没有了，只有调理好自己肌肤，才能让红润永驻。

《论语》中有孔子与学生讨论女子美的一段对话：

> 子夏问曰："'巧笑倩兮，美目盼兮，素以为绚兮'。何谓也?"子曰："绘事后素。"曰："礼后乎?"子曰："起予者商也，始可与言诗已矣。"（《论语·八佾》）

这话的深层含义是讨论礼与诗的关系，此暂不论，从字面上来看，讨论的是卫国一位女子的美。这女子很美，她的美主要体现在她笑得好看，眼睛很生动。这可以说是此女子的特点。但大家都知道，笑也是有原因的，不会全天候地笑，"美目流盼"也是有原因的，不会时时刻刻地抛媚眼。强调这女子的"巧笑倩兮，美目盼兮"是突出这女子的特点或者说"美点"（相当于"诗眼"），但是，有一个关键问题是须明白的，这女子的"巧笑""美目"是她本有的，不是装出来的，更不是戴的面具，所以，孔子说"素以为绚兮"。"绚"是"素"这根上长出来的花。联系到城市特色的打造，我们坚决反对脱离城市之根去弄一些花里胡哨的东西，而要在城市的历史与现实中去发掘，去强化，去发展，去美化。

个性是城市意境之本，一切设计都要以突出个性为中心，不管是外在景观的塑造还是深层意蕴的积累与开显。个性突出鲜明的城市必然是充满活力的城市，而一个充满活力的城市，必然是有意境的城市、美的城市。

# 第七章 城市环境美(下)
## ——城市审美范型

　　城市美化的活动中,提出各种各样关于城市建设的范式,诸如山水园林城市、历史文化名城、旅游休闲城市、生态城市、森林城市、低碳经济城市、可持续发展城市、资源节约型与环境友好型城市,等等,反映出人们对城市建设的高度重视。考察各种范式,其基本的立足点还是对宜居、乐居这两种生活方式的重视。如果我们再深入一点考察各种范式,还会发现,城市建设的基本问题仍然是生产与生活的矛盾,生产型城市的经济功能,以生产的高产值为目标;而生活型城市的生活质量,以生活的高品位为目标。客观地说,如果没有城市生产的高功能,也就没有城市生活的高质量,所以一味排斥城市的生产功能是不妥当的,问题在于处理好二者的关系,不因生产功能而损害生活质量。我们在这一章讨论城市的审美范式,因为着重于人们对美的需求,所以,对城市高效率的生产功能存而不论,这存而不论,并不等于说它不重要。下面,我们主要讨论城市四种审美范式。

## 第一节 山水城市:自然的艺术

　　不管是自然形成的城市还是人工选址建成的城市,其地理条件一般都是优越的。一般来说,自然条件的优越性主要见之于四:(一)有江河可濒。城市之所以濒临江河,主要是取江河的运输之便,其次也可能考虑到取水之便。(二)有大山可凭。大山可凭,一则因为地势险要,可以据守;也可能出于风水学的考虑,比较安全。(三)有足够宽阔且较为平整的地面可依。足以让人们在此地建房聚居。(四)市区内或临近市区有美丽的自然景观可供欣赏,比如北京郊区有香山、日本东京郊区有岚山。

所有的自然资源在城市均能转化成自然景观。诸多的城市中,那些拥有优秀自然条件且景观优美的城市,我称之为"优秀山水城市":

云南丽江小镇,在城内可远眺至玉龙雪山

它们要么所凭依的山很美。有的城市所凭依的山,不是一座山,而是群山,甚至一条或几条山脉,城市就建在山中,跨山连谷，十分壮观，重庆就是这样的山城。

它们要么所濒临的江很美，有的将城建在江之一岸，有的则拥江入怀，在江的两岸筑街，车水马龙，与江水共舞。江有多，有少，少则一条，多则数条。武汉，有汉水、长江于此相会，一清一浊，堪比泾渭，是处天际开阔，白云悠悠，黄鹤杳杳，芳草萋萋。青山一脉自大别山远处奔来，直至江边，耸为蛇山，余韵未了，抛至对岸，是为龟山。两山耸峙，双扼长江，毛泽东称之为"龟蛇锁大江"，形势险要，一直是兵家必争之地。若论双江相会风光，天下无有过武汉者。

日本横滨城滨海风光

更有兼者，既据山，又濒水，山水之秀尽皆拥之。种种形势，类而相异，形成各自不同的个性与特色。

城市的自然形胜不只被视为景观，更被视为风水。风水关系城市命脉，人们不会轻易去动它，也没有必要去破坏它。

然而进入工业时代以后，城市急剧膨胀，工厂、企业大量占地，高楼鳞次栉比，见缝插针；公路铁路，奔蛇走虺，伸向四面八方。城市中的自然遭到严重破坏。

最常见的是三种情况：

第一，地理格局被破坏，或是山体被严重毁损，或被切割，或部分被推平。或是江水改道，支流淤塞，湖泊被蚕食，填平。伤痕累累，惨不忍睹。

第二，自然环境被污染。山不绿了，无树，或树少；水不清了，发臭，龌龊。

第三，自然风景被囚禁，最常见的是城市中的山峦，被高楼大厦所包围，所遮蔽。其次是江、湖被密密麻麻的屋舍、马路、街道层层围困，被挤得喘不过气来。人们要想看看江景、湖景，非要走到岸边不可，而且也只能看到一个角落。视界全是摆脱不掉的屋舍、汽车、公路、电网。

拼命赚钱的人们是不会珍惜自然的。然而当自然遭受严重破坏，惨不忍睹，而钱似乎也并没有赚够时，人们害怕了。不只是环境变得面目可憎，严重的是各种各样的污染、灾难，不断地向人们发起侵袭，人们感到了生存的危机。此时，也只是在此时，人们才强烈地感到城市中的自然是如何可贵的了。原来，这自然不只是我们观赏对象，还是我们的保护神。人们希望恢复城市原有的自然形貌，还城市原有的美誉。但人们很快发现，这其实比建一座新城还难。

一个新的使命，在自然环境遭受严重破坏的城市提出来了："还城于山水。"

目前中国的城市就总的趋势来说，还是在不断地盖房，

"还城于山水"只是在极少数的城市进行着。因此，实际上两件事共同进行着：建设和破坏。在建设中破坏，破坏后再建设。事情就是这样的错综复杂，正反意义又如此地纠结，笔者在这里想强调三点：

一、城市建设一定要尊重自然原有的山水格局。

山水是城市之体，这体是任什么也不能动的，只能完善它，强壮它。山城修路，难免要断山，但需谨慎，尽量少断，龙脉万不能断；城市街道，不必过于追求直，出于对地形、地貌的尊重，也不是不可以绕个弯或钻进地道的。武汉大东门处，因为修路，将通往蛇山的一座山脊截断，实是憾事。

二、城市建设在自然景观建设方面，其总体指导思想应该是"显山靓水"。

显山包含三层意思：显山之绿，山原是绿的，因为种种破坏与污染，不绿了，应该科学造林，恢复山之绿。二是显山之体。山因为盖房、筑路等原因，不成山体了，在可能又有必要的情况下修复山体。三是露山之容，将被高楼大厦遮蔽的山体露出来。"靓水"包括两义：一是治污，让水清起来；二是在江岸做景观，让江岸美起来。

三、自然景观建设一定要重视个性特色。

许多城市在自然景观类别上是属于同类的，但景观实际差别很大。同是大城市，同是拥有城中湖，武汉拥有的那面湖名东湖，杭州拥有的那面湖名西湖。两面湖都很美，但风格差别很大。笔者曾在《欲把东湖比西湖》一文中这样说：

西湖、东湖有一个共同的优点，都紧挨市区，这是它们成为旅游胜地的重要条件之一。相比较而言，西湖这方面优势还要突出一些，由于历史的原因，杭州的繁华市区有一多半傍着西湖。因而在车水马龙的湖滨大道走，西湖就如一面屏风，在你眼前迤逦展开。西湖以它的恬静、温柔给喧嚣的城市带来一片清新。

东湖虽在市区，却稍偏离繁华地段，这就显得有点冷寂了。东湖似乎不喜欢喧嚣的红尘，这样，自然就有些许冷清、些许寂寞；不过，也就平添了不少高雅，不少清纯。

打个不一定恰当的比喻：西湖是光彩照人的靓丽少女，满面春风地向你走来，你不能不为她心醉；东湖则如高人雅士，飘然隐逸在白云深处，而你又不能不为之神驰……

西湖，似灼灼夭桃，如火似霞，灿然动人；

东湖，如空谷幽兰，冰清玉洁，启人遐思。

西湖的美，美在亲和；东湖的美，美在飘逸。

当杭州与武汉共同进入现代化的行列之后，两城各自拥有的湖让它们各具风采。在讨论武汉东湖建设方案时，有人提出效仿西湖的方案，笔者予以反对，认为湖亦如人，各有其面，亦如其性，不宜一样看待。西湖有西湖的美，东湖有东湖的美，各有千秋，建设者宜重其个性，做不一样的建设方案。

在城市环境的美化上，重视城市的地理格局和景观特点，彰显其本色是十分重要的。切记，任何人工的艺术都比

武汉东湖景观

不上这自然的艺术。

## 第二节 园林城市：艺术的自然

如果说优秀的自然山水城市，其优秀的山水是自然的艺术的话，那么，优秀的园林城市，其园林就是艺术的自然。

不是每一座城市都获得大自然的恩宠，被赐予了优秀的自然山水。这种先天的不足虽是让人遗憾的，却是可以通过人的努力予以弥补的，弥补的主要方式就是建设园林城市。

园林是一种重要的审美物态文化，它的本质是人所建造的理想的人居环境。世界三大宗教都对园林这个理想的生活世界作过想象和描述。据《圣经》记载，耶和华在造出了第一个人亚当之后，在东方的伊甸造了一座园林，把亚当安置在那里,让他维护、看守这座园子。西方文化中"伊甸园"既是花园的代名词,也是美好家园的代名词。伊斯兰教所许诺的天国是一个典型的沙漠世界中的绿洲园林。佛教所虚拟的理想境界为西方极乐世界,这个极乐世界,据《无量寿经》描绘,那里有各种玲珑宝树在风中叮咚作响,有各种珍禽异兽与人友善相处,有各种奇花异木芬芳吐艳,实也是一座美丽的园林。

不论是东方,还是西方,均有自己的园林,虽然它们风格有异,但有共同点:首先,园林是人的生活场所,兼有居住、游乐和工作三重功能;其次,园林是美好的生活环境,这种美好主要体现在人与自然友好相处上,充分显示出人对自然亲和的本性;再其次,园林不是一般人能够拥有的,它专属于统治阶级、贵族、社会上的特殊人群或有钱人。

不论是东方还是西方,园林都是理想的居住方式,后来出现了一种公共园林即公园,公园也称园林,此种园林没有居住功能,也没有工作功能,只有游乐休闲的功能。

园林公共化以后被遗忘的不仅是园林的居住价值,同时还有居住的理想。进入工业社会以来,居住也越来越技术化,越来越远离园林的理想。技术化的居住也就是现代城市化的居住。这种居住的突出特点有三:一是远离自然,这种居住是不讲究自然环境的,由于工业社会里,人们将每一寸土地都看作金钱,宁愿将它全部盖成房子,而不愿将地空着,所以,城市内诸多的住宅区是看不到几棵树的。第二,缺失个性。工业社会城市住宅多是统一图纸的公寓,高楼相似,高楼内一套套的居室相似,人们的居住已经谈不上个性了。

第三,休闲被忽略。由于工作的紧张、生活的压力,人们忙于生计和事业发展,基本上将人的另一需要——休闲忽略了。居处原本兼有住卧与休闲两个功能,一则人们没有这样的心情,二则居处小树缺鸟,无风景可言,哪还有什么休闲,屋子就只用来睡觉吃饭了。如果你想休闲,那就到公园去,那是纯休闲的地方。

显然,这种居住方式是违反人性的,当整个社会富裕程度有了大幅度提升之后,人们就要考虑另一种居住方式——园林式居住方式。由于现代的园林式居住方式涉及的是普通人,因此,园林的建设就不是将某一块地围起来,为某些人建一个别墅,而是将整个城市当成别墅来建设。这样,园林城市就应运而生了。

与森林城市、山水城市、名胜城市这类特色城市不同的是,园林城市具有最大的普适性。不管是哪种自然条件,只要是有人在居住,就要将居处建设成园林,规模的大小视居处的大小而定,是一个小区,就将一个小区建设成园林式小区;是一个城市,就将一个城市建设成园林式城市。

园林城市最突出的优点或者说它的本质是:具有一定优质度的自然风景,此风景与人的居住、休闲实现和谐统一,这种和谐具体为:人居住在艺术性的自然景观中。

这里有两层意思:

第一,是居住在自然景观中。这居住不只是休闲,还有实实在在的功能性生活——吃住卧等。这一点,将这种园林与公园区别开来了。

第二,这自然景观不都是自然本身提供的,如山水城市中那优质的景观,而是人创造的。

　　山水城市其自然景观的优质,我们称之为艺术性,这艺术不是人之所为,而是自然所为,所以这优质的自然景观可称之为"自然的艺术"。自然不是人,本无艺术可言,说它是艺术,强调这自然山水具有类艺术美的品格。通常说的"江山如画",指的就是"自然的艺术"。桂林,是典型的山水城市,自古以来,在诗人、画家、音乐家眼中就是诗,就是画,就是歌。

　　园林城市中的优质自然景观,就其构成部件来说,多为自然树木、花草、山石、流泉之类,但其整合,多经园林艺术师的匠心独运。按中国园林学原则,以切近自然为最高品格。用明代园林学家计成的话来说,就是"虽由人作,宛自天开"。园林,从本质上来说,是艺术,家园的艺术。建筑是它的要素,自然也是它的要素,是建筑与自然的统一。它的功能,首先是居住,其次是休闲,是居住与休闲的统一。

　　优秀的自然山水城市,其建设原则主要是尊重自然,在尊重的基础上,适当地进行艺术性的修饰,以"画龙点睛"为妙。中国古人深谙此道,如在山上立座塔,在江边建个轩,当然,当今的人们应有新的"点睛"之法,不可蹈袭古人。

　　园林城市,其建设原则,同样主要是尊重自然,与建设山水城市之不同,它的尊重自然,不只是尊重自然的格局,还需进一步取法自然,让人工做的自然景观具有自然的生气。同时将各种人文景观如建筑等与城市的自然景观融合起来,构成一个有机的整体。

　　计成谈园林,虽然谈的是私园,不是现今说的园林城市,但基本原则是可以采纳的。比如，他说的园林中人造景观与自然景观的统一：

> 凡结园林，无分村郭，地偏为胜，开林择剪蓬蒿；景到随机，在涧共修兰芷。径缘三益，业拟千秋。围墙隐约于萝间，架屋蜿蜒于木末。山楼凭远，纵目皆然；竹坞寻幽，醉心即是。轩楹高爽，窗户虚邻；纳千顷之汪洋，收四时之烂漫。梧阴匝地，槐阴当庭；插柳沿堤，栽梅绕屋；结茅竹里，浚一派之长源，障锦山屏，列千寻之耸翠。虽由人作，宛自天开。（计成：《园冶·园说》）

这段描述中，隐约可以见出主体——园林的主人来。也就是说，园林的一切景物，不管是人工种植的竹梅，还是自然原本有的"一派长源""千寻耸翠"，亦或是人做的竹坞、茅蓬、轩楹，都为人设。园林城市的建设虽然遵循是尊重自然、效法自然的原则，目的却是为了人，以人为本，是一切园林城市建设的根本原则。

园林城市建设风格问题值得注意，风格有大有小，欧洲的园林与东亚的风格迥异，但即是东亚风格，中国风格与日本风格也不同。中国风格亦有诸多风格。我们之所以提出风格问题，主要是现代园林的制作雷同化很严重，缺失创造，一张图纸，各地使用。值此中国各地都在建园林城市之际，强调园林城市的个性，是十分必要的。

园林城市的具体设计是多样的，依据地形，可做多种选

欧洲的园林

择,此种城市可以做得比较雅致些,精美一些,也可做得比较
粗放些,朴素些。

　　美国芝加哥附近的小城 Napervill 是一座非常美丽的园
林城市,城市中心是一条河,整个城市的设计思路就是以这
条小河为中心,河上架有多座木头桥,简单,朴素,适用,小河
两旁散落着一些文化设施:音乐厅、图书馆、博物馆、游乐场
和城市雕塑等。城市功能似有分区,但分区并等于分割,断
中有连,连中有分。市民的住宅,散落在草地、树林之中。整
个城市,没有高楼,也没有完全一样的两座建筑,城市色彩大
体为米黄,但也不完全一律,错落而有致,丰富而统一。在这
个城市散步、购物、饮食,让人感到轻爽、舒服。而园林城市
要的就是这份感觉。

## 第三节　生态森林城市：回归家园

　　笔者 1998 年在讨论武汉市建设的学术会议上首次提出"森林城市"的概念,本来主要是针对武汉市实际情况的,因为众所周知,武汉是中国江南著名的三大火炉之一。为了降暑,也为了美化,在武汉市大植森林是必要的。武汉的纬度也很适合种树。当时国内的普遍的提法是"建设山水园林城市",我沿用此说法,加进"森林"二字,提出建设"森林型山水园林城市"。

　　2004 年,全国绿化委员会、国家林业局启动了"国家森林城市"评定程序,并制定了《"国家森林城市"评价指标》和《"国家森林城市"申报办法》。于是"森林城市"这一理念立即为全国各城市领导者所重视,有关国家森林城市的评价指标也就相应成为他们工作的任务。截至 2012 年年底,全国已评选出 41 个国家森林城市。这一数字让人惊讶,怎么会有这样多! 许多城市压根儿让人感受不到森林气息,然而它榜上有名。不是说评选一定有假,而是由全国绿化委员会、国家林业局制定的这套国家森林城市标准太低,比如,标准之一"城市建成区(包括下辖区市县建成区)绿化覆盖率达到 35％以上,绿地率达到 33％以上,人均公共绿地面积 9 平方米以上,城市中心区人均公共绿地达到 5 平方米以上"。注意,说的是"绿化覆盖率"而不是"森林覆盖率",如果是森林覆盖率,35％或 33％以上的比例,也许还可以感受到森林的气息,然而如果是 35％或 33％以上的绿化覆盖率,就难以感受到森林的气息了,因为绿化覆盖率包括草地。北方的城市,种树难,种草还可以,大片大片草地也许能够凑足这35％或33％的绿化率。根据中国的实际情况,可以提倡建森林城市,但不宜进行全国评比。在建森林城市这方面,甘肃省的城市怎么能与海南岛的城市比呢?

　　尽管如此,我还是赞成建森林城市,因为不进行全国性评比,可以不挂"国家"二字。为什么主张建森林城市呢? 原因有三:

　　第一,森林是建设宜人生活环境的必须手段,极有利于人的身体健康。具体来说,(一)制造氧气。据文献记载,一个人要生存,每天需要吸进0.8公斤氧气,排出0.9公斤二氧化碳。森林在生长过程中吸收大量二氧化碳,放出氧气。据研究测定,树木每吸收44克的二氧化碳,就能排放出32克氧气。照理论计算,森林每生长一立方米木材,可吸收大气中的二氧化碳约850公斤。若是树木生长旺季,一公顷的阔叶林,每天能吸收一吨二氧化碳,制造生产出750公斤氧气。大约10平方米的森林或25平方米的草地就能把一个人呼吸出的二氧化碳全部吸收,并供给人所需的氧气。(二)净化空气。随着工矿企业的迅猛发展,矿物燃料的剧增,空气中二氧化硫剧增,这二氧化硫于身体极为有害。森林可以吸收二氧化硫,据测定,森林中的二氧化硫要比空旷地少15—50％。若是在高温高湿的夏季,林木生长旺盛,森林吸收二氧化硫的速度还会加快。此外,由于汽车尾气制造的悬浮颗粒,森林也能有效地吸收。(三)森林有自然防疫作用。树木能分泌出杀伤力很强的杀菌素,杀死空气中的病菌和微生物。有人曾对不同环境中一立方米空气中的含菌量作过测定：在人群流动的公园为 1000 个，在闹市区为 3 万—4 万个，而在林区仅有 55 个。另外，树木分泌出的杀菌素数量也是相当可观的。例如，一公顷桧柏林每天能分泌出 30 公斤杀菌素，可杀死白喉、结核、痢疾等病菌。（四）森林是天然的消声器。噪声对人类危害极大，据研究结果，噪声在 50 分贝以下，对人没有什么影响；当噪声达到 70 分贝，对人就会有明显危害；如果噪声超出 90 分贝，人就无法持久工作了。城市则是噪声的大本营，而森林作为天然的消声器有着很好的防噪声效果。城市街道上行道树，可消减噪声 7—10 分贝；汽车高音喇叭穿过 40 米宽的草坪、灌木、乔木组成的多层次林带，噪声可以消减 10—20 分贝，比空旷地噪声的自然衰减多 4—8 分贝。（五）森林对气候有调节作用。森林浓密的树冠在夏季能吸收和散射、反射掉一部分太阳辐射能，减少地面增温。夏季森林里气温比城市空阔地低 2—4℃，相对湿度则高 15%—25%，比柏油混凝土的水泥路面气温要低 10—20℃。（六）森林有良好的保持水土的功能，森林地表的枯枝落叶形成较厚的腐质层，就像一块巨大的海绵，有很强的吸水功能。据计算，林冠能阻截 10%—20% 的降水，其中大部分蒸发到大气中，余下的降落到地面或沿树干渗透到土壤中成为地下水，所以一片森林就是一座水库。另外，树冠对雨水有截流作用，能减少雨水对地面的冲击力。森林植被的根系能紧紧固定土壤，能使土地免受雨水冲刷，制止水土流失，防止土地荒漠化。（七）森林有除尘和对污水的过滤作用。工业排放的烟灰、粉尘、废气严重污染着空气,威胁人类健康。高大树木叶片上的褶皱、茸毛及从气孔中分泌出的粘性油脂、汁浆能粘截到大量微尘,有明显的阻挡、过滤和吸附微尘的作用。据资料记载,每平方米的树林每天吸滞粉尘量,云杉林为 8.14 克,松林为 9.86 克。一般说,林区大气中飘尘浓度比非森林地区低10％—25％。(八)森林是多种动物的栖息地,也是多类植物的生长地,是地球生物繁衍最为活跃的区域。所以森林保护着生物多样性资源。

第二,森林是美化城市的最佳手段。森林的基本色调为绿色,绿色有利于视觉,是最能予人以美感的色彩。森林是由不同的树木构成的,不同树木有不同的绿色调,这不同的绿色调随着季节各有所变化,因此,展现在人眼前的绿色就或深或浅、或暗或亮。更重要的,诸多的树木是开花的,而花更是千姿百态。由树木自身组成的这一幅图画已姹紫嫣红,美不胜收,加上阳光霞彩的错落点缀,熠熠生辉,就更显得变化万千了。森林是一个充满生气的世界,不仅有植物,还有动物。鸟的啁啾,兽的奔逐,无一不给人以喜悦,以惊奇。

第三,森林是人类最初的家,森林城市能让人有回家的感觉。人类走出丛林,一方面促使了人的进化,人成为了当今世界"万物之灵长",另一方面也产生了人性的异化,人也越来越感到孤独,恐慌。寻找心灵的家与寻找身体的家,纠结在一起,一直困扰着人类。工业社会以来,人类文明的步伐加大,人类思家之念也就越来越甚了。这实在是一个不能彻底解决的问题,一个没有终结的二律背反。真正实在地回归自然,那是不可能的,文明之路是不归之路,也许在兼有实际与象征两层意义的森林城市中，人类能够寻找到某种安慰。一方面，这是城市，文明的渊薮；另一方面，这是森林，生命之家园。虽然森林不是原始的森林，因而此家园还不能称之为真正的生命的家园，但至少可以称得上家园之象征。正是在寻家这个意义上，笔者认为，森林城市具有其他城市不可替代的重大意义。

一般来说，森林城市是难以建设的，它需要有相当好的自然基础，大致有两种情况：一种原本是森林城市，在中国具有这样天然基础的城市是不多的；另一种，虽然现在的城市谈不上森林城市，但是，它适合植树，有望借助人工的力量，在一定的时间内建设成森林城市。森林城市的建设有几个方面是值得注意的：

第一，必须生态恢复性地造林，也就是说，造林的最高原则是恢复自然生态。生态造林也就是模仿自然界的森林生态的模式来造林，所以，我们要建的森林城市不能理解成树多的城市，而是具有生态性的森林城市。当然，如果这个地方的生态已经被严重破坏了，要恢复那是很难的或者说不可能的，现在的造林，只是尽人之所能及，实现生态可能达到的最好状态。为了实现这个可能的最好的生态，我们必须知道适应这个地方的土地、气候的树木是什么，尽量地用本土的树种造林。再者，既然是生态恢复性的造林，造林只是个手段，目的是恢复生态。既然目的是恢复生态，按生态学，造林就只是恢复生态的一个环节，那么，相应的诸多环节都要配合，有诸多相关的事都要做。

既然必须生态恢复性地造林，就要坚决地从园林式造林走出来。所谓园林式造林,就是艺术性造林,造林不是为了生态,而是为了好看。造园就是做艺术,过分地讲究美,而且主要是形式美。笔者不反对在城市中有一部分造林属于园林式造林,这部分林地,是容许人走进去的,但是有更多的林是不容许人走进去的。这部分林,要尽量地恢复它的野性。野性的表现最为突出的是森林的复合性,不能只种一种树木,而应种上各种相关的植物包括乔木、灌木、草地,让森林形成一个能够良性自生的生态循环系统。有人怀疑这样的林地在城市存在的可能性,其实是可以存在的。笔者在美国的许多城市看到过这样的城市森林。虽然没有能够走进去,只是就近观察,林中茂盛的灌木,倒地的枯木朽枝,还有乱窜的小动物,足以证明,这森林正在恢复着它的野性。

　　第二,在恢复生态的总前提下,取科学与审美相统一的方式造林。在这里,审美不是主导的,而是派生的,虽然是派生的,它也是科学的。为了生态,一般要求造林是复合式的,这复合式可以考虑将美的因素纳进去。网上报道,江西赣州植树的方式是:"原来以低灌木为主、植物层次单一的长征大道、赣江源大道绿带,增加了大中小乔木、大灌木等上中层植物,树型优美、冠型饱满;翠微路增植小叶榕、八月桂、山茶、扶桑、红叶石楠球,层次分明、色彩丰富;原来种植了大叶榕的瑞金路,增植了蒲葵、苏铁、垂丝海棠、美丽针葵、樱花等中下层植物,丰富了植物层次;黄金广场西侧绿地以落叶树种及秋色叶树种为主,增加了中层植物及低矮灌木,营造出群落式园林植物景观;客家大道提高了绿化种植密度,增植紫薇、棕竹、龟背竹、南天竹、海桐等植物,增加了道路绿地的含绿量。"这种做法中，显花植物的选择很讲究，之所以讲究，考虑到审美效果。而这种讲究，不只是审美的，还是科学的，而且主要是科学的。

第三，必须在城市的中心地带、商业地带多块面地造林。现在城市造林，一般局限于水边、路边，再就是在城市郊区造林，这是不够的。造林要突进到市中心区去，可以考虑拆掉部分破旧的建筑，将它造成一块块林地，要考虑商业用地与林地的比例关系，充分保证林地的面积。商业用地可以高空发展，而林地当然只能立在地面。处理这件事，生态账与经济账可能会有冲突，要摆正这两者的关系，兼顾生态与经济，但必须以生态为重；要兼顾现在与未来，但必须以未来为重。

第四，必须在市民中进行生态造林的教育，既然要建设生态性的森林城市，就必须具有生态性森林理念。如果心中没有生态性森林的理念，就只能接受生态性森林带来的正面效益，无法接受生态性森林必然带来的负面影响。比如鸟的问题，人们一般都爱鸟，让人们不打鸟，也许还能做得到，但能否容忍鸟遍地拉屎，就成问题了。美国芝加哥乌鸦很多，冬天，它们会集在一棵大树上集体歇宿，第二天一早就飞走了，树下的路面白花花地一滩鸟屎，如果有汽车停在树下，那汽车全身都白了，好像刷上了一层白漆。对于这样的事，芝加哥的市民是能容忍的，他们不认为这是什么事。森林城市对人们的生活有诸多妨碍，许多是事前想象不到的，对此，市民均需要有心理准备，绝对不能因为这些妨碍就去做毁林的事。

正是因为森林城市的根本使命在于恢复生态，所以，笔者认为,我们要建设的森林城市,准确地表述应是"生态性森林城市"。

笔者不认为生态性森林城市建设是一件在中国可以普及的事。我们可以普及城市造林,但不能普及生态性森林城市。不是中国人不想这样做,而是因为中国许多城市不具备这方面的自然条件。尽管如此,我们还得尽可能地在城市中建造森林,绿化我们的城市环境。即使生态性森林城市的目的达不到,我们心向往之,勉力为之。因为它毕竟最切近人性,最切合当代人的审美理想。

## 第四节　历史文化城市:对话古人

有一类城市历史悠久,在这里发生过于人类于国家于民族于当地百姓有重大意义的事件,我们将这类城市通称为历史文化名城。这类城市大致有六种情况:

一、国家的首都,如中国的北京、英国的伦敦、法国的巴黎、意大利的罗马、韩国的首尔、尼泊尔的加德满都、马来西亚的吉隆坡。这些城市不仅现在是国家的政治中心,以前也是。有些城市,曾经是国家的首都,但现在已不是首都了,如日本的京都、奈良;中国的西安、开封、洛阳、杭州、南京等。

二、有些城市虽不曾成为国家的首都,但在这里发生过影响国家民族命运的重大事件。如中国的武汉。武汉是中国中部最大的城市,南北夹峙长江,历来是中国各家政治势力必争之地,在这里曾发生过许多重大的历史事件,最为重要的是具有资本主义民主革命性质的辛亥革命(1911 年),

通称武昌首义。这次革命的成功，不仅导致清王朝的崩溃，而且导致中国几千年的封建政体的终结。这个城市还留有很多的革命遗迹，最著名的有首义门和当时指挥革命的红楼。

三、有些城市在国家的发展史上曾起过极其重要的作用，如英国的利物浦，它是英国工业革命的发源地之一，英国的大工业中心、第二大商港。又如德国的汉堡，它是德国的第二大城市，拥有德国最大的港口，因而享有"德国通向世界的门户"的美称。马来西亚的槟城类似于汉堡，此地也发生过许多重大事件，另外，它是马来西亚第二大城市，马来西亚唯一的自由港。

四、有些城市因在宗教上享有特殊的地位而成为历史文化名城，如耶路撒冷，它是世界主要宗教犹太教、伊斯兰教和基督教的发源地，三教都把耶路撒冷视为自己的圣地。

五、有些城市因拥有世界最有名的、历史最悠久的大学而成为历史文化名城，如英国的牛津和剑桥，它们是世界上最古老的两所大学——牛津大学和剑桥大学所在地。

六、有些城市以其特有的历史贡献而成为文化名城。如韩国的青州，它是韩国金属活字印刷的诞生地。那本记录历代佛祖语录的书——《直指》就是在这里用金属活字印刷的。

以上六种类型并未包括所有的历史文化名城。有些历史文化名城不只是具备以上说的一种情况，而可能兼有以上说的多种情况。

对历史文化名城的认定，当然要看历史文献的记载，有可信的资料显示这座城市历史悠久,地位重要,更重要的是要看地面可视文物的留存。日本奈良曾是日本的古都,它的可贵在于保存了诸多古代的寺庙,有的建成年代相等于中国的唐代,如法隆寺;有的相等于中国的北宋,如东大寺。这些寺庙体量庞大,制作精美,美轮美奂。又如德国的特里尔,是一个人口仅十万的小城,面积也不大,也未曾做过国家首都,除了是马克思家乡外,也没有发生过足以影响德国的重大事件,然而它聚集了多达八个世界文化遗产,同样这些遗产保存很好,具有极大的精神震撼力。

在各种类型的城市中,历史文化名城也许不是人类理想的居住环境,因为它的气候、地理条件不一定很好,但它肯定是最具魅力的。其原因首先在于它的审美品格是典雅的。"典雅"不仅意味着历史悠久,而且意味着它的意义非同一般,深刻,经典,耐人寻味。

土耳其的伊斯坦布尔就是这样的城市。伊斯坦布尔曾经是罗马帝国(330—395)、拜占庭帝国(395—1204,1261—1453)、拉丁帝国(1204—1261)、奥斯曼帝国(1453—1922)和土耳其共和国建国初期的首都。这座城市可以说是欧洲自古代向近代变迁的枢纽。不仅如此,这座城市还是东西文化的交汇点,而最能见出这一意义的是这座城市的圣索菲亚教堂。圣索菲亚博物馆本是罗马帝国时期的基督教堂。这是一座气势宏伟的长方形石头建筑,上面巨大的穹顶,直径31米,离地面55米。底部四周有40个大玻璃窗,4座雄伟的拱门,是典型的拜占庭建筑。1453年,拜占庭帝国灭亡后,信奉伊斯兰教的土耳其人在教堂外修建了4座宣礼塔,将这座千年历史的大教堂改为清真寺。虽然改为伊斯兰教的清真寺，但基督教的装饰并没有完全毁损，有些还给保护起来了。1935年，土耳其共和国建立后，将它改为博物馆，基督教文化的真面容得以呈现。像这样一座集欧洲文化与亚洲文化、基督教文化与伊斯兰教文化等多种文化于一体的教堂，其丰富而又重大的精神内涵怎不让人五体投地，顶礼膜拜？可以说，伊斯坦布尔这座历史文化名城称得上"典雅"之典范。

伊斯坦布尔的圣索菲亚教堂

"崇高"是历史文化名城另一种重要的审美品格。美学上说的崇高，从外形来看，或是体量很大，或是气势雄伟，类似中国古代说的壮美。但崇高的本质却不在这，它的本质是各种矛盾剧烈冲突留下的痕迹。有自然之间的矛盾冲突，如海啸，火山爆发；也有人类社会内部的矛盾冲突，如血腥的战争；还有人类与自然的矛盾冲突，如巨大的工程，抗击自然灾难,等等。这种冲突之所以会被视为崇高的,主要在于在这场冲突中,人性的英雄的一面、高尚的一面、光辉的一面得到了充分的展示。这正如一句诗说"沧海横流,方显出英雄本色"。崇高正是这英雄的人性。历史文化名城,经过诸多兵燹、灾难,自然也就创造过许多的崇高。这些崇高虽然有些迭遭历史风雨和自然风雨的磨洗已不为人所知了,但是还有一些仍然顽强地屹立着,以这残损的身躯向后人展示出它的英雄气概与不朽的灵魂。罗马城中那些残缺的斗兽场就是这样的崇高物。罗马人曾经这样赞誉大角斗场的永恒寓意:"只要角斗场在,罗马就在。"

罗马城中保留着诸多的废墟,罗马人有意识地将它们一块块地保存下来,因为它们是沧桑岁月的最好记载,是崇高的显现,是英雄的符号。这样的废墟所焕发出来的美有强烈的精神感染力,岂是那些精美奢侈的罗浮宫、凡尔赛宫可比的?

崇高是一种美,相比于优美,它的美要伟大得多。从人类的发展进程来说,崇高是时代的主旋律,是崇高创造优美。是历史创造今天,我们拥有历史,我们就有信心拥有未来。

作为一个巨型容器,城市在将各种不同类型的城市景观聚拢在一个有限的地域之内时,也为历史景观的"古"与当代景观的"今"聚集在此城市之中。景观的"古"与当代景观的"今"之间所产生的张力,并不是以"古"灭"今",也不是以"今"灭"古",而是古今共存共栖。不仅如此,它们双方还相互作用,相得益彰,且共同产生出一种独特力量。这种力量是伟大的,它足以激励着今人勇敢且智慧地创造未来。

现代罗马城：新建筑与废墟共存

城市景观是一部石头写成的史书。时空维度通过具象的历史景观而凝固，同时又通过具象的历史景观而延展。当凝结几百年乃至几千年的时空维度在赏析者当下被想象时，历史事件便开始复活，一个个鲜活的历史人物仿佛在眼前出现……遥远的岁月离我们仿佛不再遥不可及，而是就发生在我们周遭。历史事件中所透显的精神，就这样融入我们的血液之中，参与我们的当代生活。想象的同时或之后必然是思考，那是对历史经验和教训的总结。这些经验和教训化为我们创造新生活的智慧和力量。人类就是这样不断地前进着。历史、现实、未来，是一条滔滔奔流的大河，从来没有中断过。

历史文化名城不独是某一个民族的宝贵财产，而且是整个人类的宝贵财产。保护历史文化名城，不仅是市民的神圣责任，而且是全体人类的神圣责任。

# 第八章 城市化的美学反思(上)
## ——确立"美学主导"的原则

"城市让生活更美好。"这是上海世博会用过的一句广告词。这句话虽然是为上海世博会做的广告,却在相当程度上反映了时代的主题。

在现代化的进程中,中国正在走着西方先进国家早已走过的城市化道路,而种种在西方城市化进程中曾经遇到过的问题,还加上新时代所出现的新的问题,出现在中国城市建设者面前。其中一个至关重要的问题,以什么思想作指导去建设城市? 按常规思维,这个回答很容易:高功能。但随着工业社会向后工业社会的过渡,高功能已经不再是人们对城市的至高无上的追求,生活如何更美好的问题更受到人们的关注。新的城市不应是创造高功能的巨型机器,而应该是人们生活的乐园。与之相应,城市建设的指导思想中,"美学主导"的原则应运而生。

## 第一节 功能与审美的统一

城市建设目前最大的问题之一,是功能压倒一切。功能在这里主要指功利,而且是物质功利。城市建设有一个很普遍的说法:"寸土寸金",一切朝钱看,所以,市中心区必然是商业区,而商业区必然是屋子紧挨着,一丁点空地也没有。人们均朝着能带来发财机遇的地方涌,交通必然紧张,原来的路不够了,就在路上架路。功能压倒一切。城市所有设施的建设,均着眼于如何发挥自身最大的效益,几乎所有的城市,均有不少有碍观瞻的新的建筑物,每天在污损着你的视觉,躲也躲不开。

市民当然不满意了,但这意见竟然不好提,有一柄达摩克利斯剑悬在头上,就是功能,因为那些污损市民视觉的城市设施其实也是于市民有利的。

多少年来,城市建设一直存在着一条金科玉律:功能第一,审美第二。

城市建设真个是功能第一,审美第二吗? 否!

首先,我们要问,所谓的功能第一的功能是什么功能? 说来说去,不外乎是一些具体的功能,主要是经济的功能,或者政治的功能(显示政府的权威或某领导的业绩)。但他们忘了,城市有一个更基本的功能——城市是全体市民的家。居家,这是一个总功能,按这一总功能,哪些该建,哪些不该建,就有一个新的考虑了,即使该建也还有一个如何建的问题。

功能和审美均是人性的需要,站在居家的立场,二者都需要,只是它们的排位未必都是功能第一,审美第二的。欧美许多大学的校园,进校一般有一座很大的园林,要走上许多的路才能到达教学区。我发现,教学区的建筑排得比较密,可见,土地也并不宽裕。然而,为什么不将园林腾出来盖房子呢? 显然,在学校看来,园林自有它的价值,此价值是教学楼顶替不了的。

　　美国华盛顿有一条景观街,不那么直,绕来绕去,我感到纳闷,当初为什么不裁弯取直? 我曾问过哈佛大学敦巴顿橡树园园林景观部的主任米歇尔·柯南。柯南说,没有什么别的目的,就是为了审美。原来,在某些情况下,功利也是可以为审美让路的。

　　城市建设,其实只有一个总的目的,就是为市民营造一个温馨的家,换句话说,就是营造一个切合人性的生活场所。人性是丰富的,仅为了活着,人与动物无异;仅为最多地获得物质财富,人也与动物无异。人不是物质功利的动物,人之可贵,就在于人能超越物质功利,追求精神功利。精神功利是一个无限广阔的天地,有些与物质功利关系密切,有些则关系较远。前者有政治、道德,后者有宗教与审美。宗教出世,审美入世。不是每一个人都愿达到或能达到宗教境界的,然而,审美却是每一个人极愿接受并且也能接受的。

　　作为城市建设者,当然不能忘了城市一切设施须着眼于功能,但是也不能忘了这一切设施也要力求审美。这二者要力求实现统一,如果二者发生矛盾而又不能实现统一,则需酌情处理,或审美为功能让步,或功能为审美让步。当然,最好的处理,是功能与审美的统一。

　　在城市建设上不存功能第一、审美第二这一法则。所谓功能第一、审美第二,只不过是为低劣的城市建设者炮制丑陋建筑物制造一个借口罢了。

　　功能与审美的关系是美学中的重要问题之一。从历史发展来看,它存在三个阶段:一、功能即审美。原始初民是

威尼斯的桥是功能与审美相统一的典范

将功能看成审美的，物之所以美，就在于它的有用。人类最早的审美观念来自实用，实用即美。二、功能与审美分离。进入文明社会后，审美与功能分离，审美偏向形式，而功能更看重内容。三、功能与审美新的统一。人们不满意于功利与审美的分离，寻求功能与审美在更高层次上的新的统一。这种统一不是统一在利（功能）上，而是统一在美上。不是原始社会与文明社会初期那种利即美，而是美即利，最美的也是最有利的。功能与审美这两种不同性质的统一，体现出不同的人文意义：功能即审美，为人类文明之始；审美即功能，为人类文明之盛。

人类的发展已经到了足以实现审美即功能的程度，当今科学技术的水平为我们提供了这方面的保证。如果我们还做不到，只能说我们观念落后，智慧欠缺，或者说思想懒惰。

我们的城市建设者是不是需要在观念上更新一下呢?

## 第二节　工程与艺术的统一

　　人类的生产物,有许多种,其中有工程类与艺术类。工程类是具有明确的实用价值的,主要是满足人们物质生活的需要。艺术类则没有明确的实用价值,主要是满足人们精神生活上的需要,这精神上的需要,又主要是审美的需要。这种区别不是绝对的,工程与艺术在很多情况下是可以互兼或互含的。也就是说,工程可以具有艺术性,而艺术在某种情况下也可以成为工程,兼具实用性。做得最好的,则工程与艺术的区别消失了。工程即艺术,艺术即工程。

　　城市中最主要的工程是建筑。长期以来,关于建筑的本质的认识是存在分歧的,有人说建筑是工程,也有人说建筑是艺术。其实,这两说是可以统一的,建筑既是工程,又是艺术。当然,首先是工程,这是毋庸置疑的,但是,人们盖房子,从来就不只是满足于实现其功能,总是力求将建筑物建得尽可能的美一些。

　　建筑所追求的美,不只是体现在建筑的外观上,也体现在建筑的功能上。建筑的功能主要在空间布局,优秀的建筑,其空间布局不仅是具有卓越的功能性,而且也具有卓越的审美性。

　　走进欧洲那些著名的大教堂,你不仅感到教堂内的装饰很美,而且会感到其中阔大的空间也很美。基督教不仅用这空间,让牧师向信徒宣讲基督教的教义,而且让信徒产生一

法国的凡尔赛宫是工程与艺术相结合的典范

种特别的审美体验——崇高。这种肃穆而又带有点神秘恐惧的崇高感，既是宗教感，又是美感。

美感产生于形象的感受，我们一般将艺术的形象称之为"意象"，而将环境的形象称之"景观"。艺术美，美在意象，意象是艺术美的本体；环境美美在景观，景观是环境美的本体。景观作为环境美的本体，其地位同于艺术的意象。

环境具有多种性质，最基本的为二：一是人生活所必需的物资条件；二是人生活所必需的精神条件。环境美筑基于环境的物质条件，却实现于环境的精神领域。环境美离不开人的欣赏，当人以审美的眼光看待环境时，环境就成为了景观。景观品位有高有低，景观品位的高低，直接决定着环境美的质量。在城市环境的建设中，功能与审美的统一，其重要表现是将工程创造成景观。

法国的工程师贝尔纳·拉絮斯建筑了一条高速公路，这条高速公路需要穿过一个废弃的采石场。如果由一般的工程师来做,这条高速公路先天不足,必然会是一条乏味的公路,然而,它的功能性无可指摘。贝尔纳·拉絮斯别出心裁,将它建设成一条景观公路,被称之为"伴随着自由爵士韵律的景观历程"①。拉絮斯是一位不凡的建筑师,他懂得工程,也懂得审美,他有精湛的美学、生理学、心理学修养,他将这些修养用之于工程。具体来说,他以快速运动(100千米/小时)人的景观感知为设计出发点,将视觉的景观感知像音乐一样组合起来。他充分运用自然、社会、人文的要素,让公路审美意义充分地向车上快速前进的人展开,这个过程中,注重如何激发人们的自由想象力。米歇尔·柯南说,这样一种"敞开作品"的立场,"源自对超现实主义运动的浓厚兴趣与尊重"②。拉絮斯的成功具有普遍的意义,高速公路既然可以建成景观公路,那么,城市中的各项工程又为什么不可以建设成景观工程呢?

　　城市是一架巨型机器,它是由诸多部件构成的,在总体功能明确后,各个具体部件,各自担负着某一具体的任务,城市规划是需要落实到每一项具体工程的。每一项具体工程功能不一,其审美性质也不同。建设者需要从各自不同的任务出发,将其建设好。一是兼顾具体功能与审美的统一,二是实现与整个城市环境的统一。

　　城市工程的审美营造是一件艰难的工作,由于工程的本

---

① 米歇尔·柯南著:《穿越岩石景观——贝尔纳·拉絮斯的景观言说方式》,湖南教育出版社2006年版,第19页。
② 同上书,第25页。

质是功能，功能在相当大的程度上决定着、制约着审美，因而，工程形象的营造在某种意义上是"戴着镣铐跳舞"。它不仅需要工程师具有更高的专业修养，而且需要具有相当精湛的美学修养和其他的修养。

能不能自觉地将工程既当着工程，又当着景观，在很大程度上决定着工程的美学质量。自觉性在这里是重要的，因为通常不太会将这一点提到自觉的高度。中国许多城市的建筑平庸，跟建筑师缺乏这种自觉性大有关系。因此，观念是最重要的，观念的更新是第一位的。

## 第三节　秩序与自由的统一

城市建设中，秩序与自由的统一，在中国似乎还没有提到议事日程，而建设的现实却暴露出许多值得重视的问题。

一般来说，秩序主要表现为规律性、一般性、可识别性，它给予人一种整体感、节奏感、和谐感。城市好像一首诗、一幅画、一段乐曲，是有章法的。城市虽然是空间结构，它的展现体现为时间流程，人们总是通过在城市中行走来感知城市空间的，因而从本质上来看，城市的章法应该近似一段乐曲。有开头有结尾，中间有华彩乐章，波澜起伏，摇曳多姿。

大体上来说，城市的火车总站、汽车总站、机场，相当于乐曲的开头，人们就是从这里开始感受这座城市的。众所周知，乐曲的开头很重要，它不仅为乐曲开了一个头，而且为乐曲定了一个调。中国现在不少城市新建了火车总站、汽车总站、机场，一般来说，单就车站、机场本身来看，大抵上都称得

上富丽堂皇,但似乎很少注重到它在整个城市的审美中所起
到的开端和定调的作用。有些建筑没有车站、码头、机场这
样的功能,仅只是旅游景观,也能起到为整个城市审美定调
的作用,如法国巴黎的凯旋门、巴黎圣母院和埃菲尔铁塔。

巴黎圣母院

　　中国的城市领导者过于看重摩天大楼,认为只有摩天大
楼才有震撼力,才是地域的标志形象。著名城市规划师新加
坡前建屋局局长刘太格最近接受《南方周末》记者采访时说:
"问题是,城市最重要的要求是震撼性形象还是功能和环境?
我认为,这些震撼性的东西,能够在功能合理、方便舒适、环
境优美的基础上取得当然最好,但不要为震撼而震撼,牺牲
城市的基本规划条件。"[1]刘太格先生的意见是很对的。从

---

[1] 鞠靖:《莫学西方谈"民意"——"新加坡规划之父"刘太格把脉中国城市规划
困局》,《南方周末》2010,1,28。

城市建设的秩序感来说,笔者认为,摩天大楼的布局还是要有些讲究才行,不是什么地方都可以建摩天大楼的。摩天大楼诚然雄伟,诚然华丽,诚然气派,但它需要配合,一般来说,孤立的摩天大楼总是严重地破坏城市的秩序感。因此,摩天大楼适宜相对集中,东京的摩天大楼主要在新宿,新加坡的主要在新加坡河口,芝加哥的主要在闹市区,纽约的主要在曼哈顿。中国城市的摩天大楼似乎不太讲究布局,上海几乎是遍地开花。试想想,到处是摩天大楼,这城市的天际线还有什么美呢?仿佛行走在原始密林,触目皆是顶天的大树,人的心态除了恐惧还会有什么呢?摩天大楼的美的彰显,是需要一定的观景点的,在考虑建摩天大楼群时,需要先找好哪里是它的观景点。

中国不少城市热衷于建高架路,初衷可以理解,为了缓解交通。但高架路的危害性极大,它不仅从总体上破坏了城市的章法,破坏了城市景观,而且还增加了城市的空气、噪声的污染。虽然交通有些缓解,但在高架路下行走的危险性增大了。美国、日本的城市过去也建过一些高架路,现陆续在拆除。笔者认为,从中国城市的交通现状来看,高架路不是绝对不能建,但需慎重,尽量少建或不建。

中国的城市过去均是据地理形势而建,或依山,或临水,应该说是有章法的,但在城市改造中,这种章法多打乱了,为修路,山多被切断,为盖房,湖多被填平。这种伤筋动骨的做法,按中国旧的风水学的说法,是断了龙脉,此乃城市规划之大忌。目前如能修复的还需修复,不惜付出重大代价,因为对于一个城市来说,尊重其地理格局,确实太重要了。

中国城市建设不仅缺失秩序意识，也缺失自由意识。所谓自由意识，这里主要指创新意识。中国城市建筑千篇一律，没有个性，早已为人所诟病。美国华盛顿市有好些纯由两三层的小别墅组成的街道，仔细观察，竟然没有发现两座别墅完全一样，然总体上很和谐。中国的建筑，太喜欢克隆，一张图纸到处用，最可怕的是住宅小区内的房子全出自一张图纸。既然无个性可言，哪还谈得上活泼、自由？

自由与秩序在某种意义上具有对立性，但它们是可以做到统一的。决定的因素是规划师的综合修养其中包括美学修养。目前的城市规划师多从工科中出，人文缺失是非常明显的。也许，城市规划不能只靠某一个人或某一类人来做，它需要一个来自各方面知识背景的人共同的努力。

## 第四节　功利主导与审美主导

按什么思想去指导城市建设，首先涉及的是对城市功能的理解。城市的功能，可以概括为宜居、利居和乐居。宜居重在生存，利居重在发展，乐居重在生活质量。

从建设宜居城市的目的出发，需将生态作为城市建设的主导；从建设利居城市的目的出发，需将功利作为城市建设的主导；而从建设乐居城市的目的出发，则需将审美作为城市建设的主导。

生态是城市建设的基础，这是我们首先要重视的。过去，我们在这方面是忽视的，城市建设中所带来的生态破坏，严重损害人的居住，危及人的生存。但是，城市建设唯生态主义是不行的，唯生态主义，就只有抛弃文明，回到原始蛮荒的时代去。这一则不可能，二则不必要，我们只需在生态与文明之间找到一个合适的平衡点使二者能够实现和谐就行了。

能不能用功能主义来主导城市建设呢？不错，城市集中着许多重要的资源，是人们经商、从政、就学、创业的好地方。它的高功能性使得它在本质上就是利居之所，但正如我们在上面所说的，城市基本的功能是我们的家。按家来要求，生存第一位，生态环境不能不作为基础层面来考虑。按家来要求，发展也很重要，人们从四面八方来到城市，企求的是经济、政治、文化、教育等方面的发展，一句话是，寻求最大的功利，故功利不能不考虑。

但是，人毕竟不是纯功利的动物，不能只是为某一种功利而活着。人需要生活，而且需要高品质的生活，这一高品质的生活，涵盖着诸多方面。当然，首先涵盖优良的生态状况，其次，也涵盖优秀的创业条件，但绝不止这些，它还涵盖优雅的艺术氛围、优越的生活设施、种种让人陶醉的审美活动及审美对象。相比于功利，也许这种高品质的生活，才是城市的魅力所在。宜居讲生存，利居讲发展，乐居讲生活质量，讲生活质量则必然重视审美。

审美主导以建设高品位生活为目的，强调的是生态与文明、物质与精神、功能与审美诸多方面的和谐。总体和谐性是美学主导首先要重视的。其次，它在重视城市生态建设和各种功利事业建设的同时，特别注重到城市对市民的审美亲和性。城市的审美亲和性虽然跟城市景观有一定关系，但不以景观为决定性的前提。许多景观平凡的城市,并不失审美的亲和性,反过来,有些城市景观并不差,但市民不爱自己生活的这座城市,这说明这座城市的审美亲和性很差。城市的审美亲和性涉及诸多方面的问题,有些属于城市建设,有些属于城市管理,需要城市的领导者与市民共同努力去解决。

德国海德堡的一条街,景观平平,但不失亲和性

从提高生活质量来说,增加城市的艺术氛围和构建城市意境是至关重要的。艺术是美的,城市的艺术氛围有助于提高城市的审美品格,舒缓城市紧张的节奏。造成艺术氛围的手段很多,如街头雕塑、街头演出、壁画、精美的广告、剧院、电影院等。芬兰首都赫尔辛基,一到下午五时许,露天音乐会就开始了,城市空中乐曲飘荡,配上五颜六色的霓虹灯,整个城市沐浴在梦幻之中。

意境是艺术美学中的范畴,它是艺术美本体,将它用之于城市,就意味着城市也要像一首诗,一幅画,一首歌曲。意

德国法兰克福的城市雕塑，幽默而又亲和

境的载体是城市形象，它是城市的外观，这外观应该是美丽的，动人的，有特色的，让人经久难忘的。但城市意境最为重要的不是它的外在形象，而是它的内在的意蕴，它的文化，它的历史，它的精神。这两者实现完美的统一。构造城市意境是需要相当好的艺术修养的，强调城市建设以审美为主导，有助于城市意境的构建。

当代城市建设非常注重城市的个性魅力。城市的个性魅力是需要诸多方面努力，在城市建设上只有确定审美主导，才能从根本上解决城市的个性魅力问题。顾名思义，美学是讲审美的，审美的奥秘很大程度在于审美对象的个性魅力，艺术作为审美的典范形式，自始至终将艺术典型的独创性问题、艺术家的个性问题、风格问题看作艺术美创造的关键。真要将城市建成美的乐园，就一定要自觉地以美学为指导,按着艺术的基本原则来建设城市,将城市建设成一个精美的艺术品。如果能这样,城市也就必然会像优秀的艺术作品一样焕发出个性魅力。

现在,理论上有一个误区,以为审美就是讲形式,注重外观的漂亮。其实,审美是人生的最高追求。真善美三者,美是最高的,最高的美涵盖真,也涵盖善。它与纯粹的真、纯粹的善之不同,主要在于它融入众多因素,注重形象,全面地切合人性。审美说到底,就是注重生活的质量。生活的质量当然离不开生态,污染严重的河水,五颜六色的,能说它美吗?当然不能。同样,生活质量也离不开功利,对于饥肠辘辘的人来说,还有什么美食? 生活质量以生态和功利为基础,但它不止于此,生活质量还有更高的追求,属于精神方面的,情感方面的。

城市建设当然不会只有一种指导思想,而会有诸多指导思想,这诸多的指导思想可概括成真善美三个方面。真是基础,善是功利,所以,实际上是两种指导思想:功利和审美。按照哲学上的真善美相统一的原则,这统一是在美上。统一在美上,并不是说只有美,相反,美正是由善与真转化而来的,美中有善,美中有真。美不只是形式,还有内容,形式是内容的存在,内容是形式的实质。城市美的外在表现为形式,它的功能包括物质上的功能与精神上的功能则为内容。功能是益于人,故而是善的,功能合乎规律,合乎生态,故而又是真的。真体现为善,善依据于真,故善以真为本;善因显现为恰当的形式,既利于人又悦于人,故又为美。美学主导,决不能理解成形式主导,而应理解为以真善美相统一的原则为主导。

以美学作为城市建设的主导，不影响以城市功能性的发展目标为指导，它只是要求将功能性的发展目标提升到审美的高度，从而全面实现城市的功能，让我们的城市不仅是功能性很强的巨型机器，而且还是我们美好的家园。

## 第九章 城市化的美学反思(下)
### ——模式的解构与建构

渔猎生产方式,人类居住地主要在自然界,或穴居或巢居;农业生产方式,人类居住地主要是农村;工业生产方式,人类居住地主要是城市。世界上的先进国家早已完成工业化的进程,中国的工业化虽然起步迟得多,但速度惊人,自上个世纪末至现在不过三十年的时间,中国的 GDP 已经跃居世界第二位。工业化必然带来城市化。中国的农业人口原来约占总人口的80%,现在,农业人口与城市人口的比例接近一半对一半,很可能不出 10 年,中国城市人口会达到先进国家的水平,接近总人口的80%。而工业化所带来的城市化是目前中国现代化建设一道炫目的景观。中国县级以上的城市已经换了个样,旧城变成了新城。用日新月异来描述中国城市化建设全不为过。由于种种原因,中国的城市化出现了诸多的问题,负面的新闻不少,这就引起有识之士注意,中国城市化的道路是不是真还有一些问题值得反思?

## 第一节 中国城市化的特点

中国城市化有这样两个突出特点:

一、工商业城市优先发展,经济成为城市发展的杠杆。

工业社会的生产方式主要是运用机器进行大批量的生产，为了创造最高的经济效益，一般将工厂适当地集中在一个地区，这样，便于行业之间的竞争，也便于行业之间的合作，对于经济的发展确实是必要的。工厂相对集中的工业园模式是工业社会的产物。中国改革开放三十年，许多城市建有工业园区，沿用的正是工业社会的模式，只不过，过去的工业园的产生是自然的，今日的工业园的产生是自觉的。

商业是制造业与消费者的桥梁。为了减少运输成本，也为了便于与制造业直接联系，诸多的销售业就建在工业园附近。

工业社会追求效率，讲究成本核算，力求以最小的付出赚取最大的效益。因而，它希望能为它服务的政府部门还有一些其他服务性行业与它们相距不是太远，而政府部门为了指导、调控工业、商业的运作，也不愿建立在距工业区、商业区较远的地方。

工业社会必然制造出一个名之曰"工商业城市"的怪物。工商业城市，顾名思义，以工业和商业为城市的命脉，这样的城市不能不突显经济的地位，而当经济成为城市的杠杆时，如若没有相应的调控机制，一任经济肆虐，成为凌驾一切的霸主，则人性的全面实现与满足就不可能得到重视。生活在这样的城市中，人们会普遍感受到经济的严重压力，人性会在不同程度上受到异化。最为突出的现象就是一切向钱看，金钱成了社会唯一或最高的价值标准。亲情、爱情、友情都程度不一地受到金钱的腐蚀，道德亦遭污染，法律难以发挥作用。一旦人与人的关系均异化为金钱关系时，这个社会就非常可怕。

二、政治成为城市身份地位的最高控制者,城市成为等级制度最突出的体现。

中国是一个各级政府分级集权的国家,各级政府所在地均成为行政辖区的中心城市。这一中心城市成为辖区诸多功能的集中地。其中最重要的是政治中心、经济中心、文化中心和教育中心四项。北京是中央政府所在地,是首都,它是全国的政治中心、经济中心、文化中心和教育中心。由行政地位决定着城市地位,这种现象不独中国有,而以中国最为突出。

如同官阶,城市也划分成等级。有省部级城市,这就是直辖市,副省部级城市,这就是省会;厅司级城市,这就是地级城市;以下还有县级城市、科级城市等。每一级城市的最高首长只能由相应级别的官员去担任。犹如官员一级管一级一样,城市之间也存在这种管辖关系。

政治为主导、经济为杠杆、文化为服务成为中国城市化的基本模式。几乎任何一个城市均为三位一体。三位:行政、经济和文教。这三位中,政治为主导,它是领导者;经济是杠杆,它是城市发展的最主要的动力,而文化是为政治、经济服务的,对于城市的发展不可能有太大的影响。在中国,城市的发展最常见的口号是"文化搭台,经济唱戏。"而经济,又在相当程度上与当地官员的行政有很大的关系,是政府在实际上控制着、影响着经济。因此,决定城市发展方向根本的还是政治。

## 第二节 中国城市化的问题

由于上面说的两个重要的因素存在，中国城市化最为明显的问题是：

（一）城市规模过于庞大：在中国，人口超过千万的城市绝不只是上海、北京。世界上，特大城市集中在中国。城市人口多，必然占地面积大。除城区外，中国的城市还带了附近的农村，这样就更大了。

（二）城市功能过于集中：中国的城市集中着社会上一切优秀的资源，城市不仅是经济中心，还是政治中心、文化中心、教育中心，交通枢纽。

（三）城市环境日趋恶化：这里说的环境主要是自然环境，主要体现在城市中的原生态的自然遭到灭顶之灾。如果城市原来有山，为了修路，山或是被劈开，或是被打洞；为了盖房，山或是被削平，或是被改形，山上的树木基本上被砍伐殆尽。如果城市中有水，而水不是被严重污染，就是被填掉。至于城市中空气质量之差，噪音之可恶，更是不消说的了。

（四）城市个性日趋消泯：老城市都是有一定个性的，工业社会追求高利润，使用机器生产，必然追求标准化，这也影响到建筑和城市规划。产生于 19 世纪的国际主义的建筑风格是与工业社会相一致的，这种建筑风格强调功能，形式简洁，追求几何造型，基本上没有什么个性可言。城市规划重视纵横排列，多呈棋盘格，街道整整齐齐，同样也没有个性可言。西方一些城市的街道，干脆用数字来命名。中国的现代化在相当程度上是在补工业化这一课,因而很自然地按照工业社会的城市模式来建造城市,建筑也大多采用国际主义风格,城市规划基本上套用几何模式。刚刚富起来的中国人贪大求新,追求现代,这样,几乎所有的城市就给弄成一个风格,城市个性基本上泯灭了。

(五)城市生活质量下降:生活质量是复合性的,不独只体现在经济收入上,它还体现在其他诸多方面包括人的健康状况、精神状况等等。城市本来是可以让生活更美好的,但由于中国现在的城市普遍存在金钱万能、环境污染、交通紧张、治安不佳等严重问题,事实上,不仅没有让生活更美好,而且使生活质量在某些方面下降了。西方社会上个世纪严重存在的人性异化现象在当今中国的城市普遍地存在着,人们的健康状态在某些方面也呈现着让人担忧的下降趋势。

城市问题远不只是城市本身的问题,更不是城市规划和城市管理的问题。中国城市模式是中国社会模式的集中体现。中国城市化向何处去,在相当程度上决定着中国社会向何处去。

## 第三节　解构传统城市模式

考古学家将城市的出现看作是文明的开始,而城市的标志则是有一道围墙。据考古发现,距今 4000 年至 3700 年前的浙江良渚文化晚期有城墙。将一座城用墙围起来,这一传统一直维持到近代。在西方,大概是工业革命后,城墙就陆续拆掉了,在中国则更晚,新中国成立后,各城的城墙才开始拆毁。有完整城墙的城市没有了，能够保留一段或几段的城市也不多。出于旅游的需要，有些城市又在恢复部分城墙。

城墙的功能主要是防御，在冷兵器的时代，它是有效的防守设施。现在，它除了文物的价值和旅游的价值外，别无其他价值。因而没有哪一座城市，为了现代化去修建城墙的。但是，我们发现，另一种类似城墙的设施在许多城市正在建设，那就是所谓的"环线"。环线是公路，不是城墙，它没有防守功能，只有交通功能，在功能上，它与城墙是完全不同的，但在"环"这一点上，它与城墙有某种程度上的相似之处。

环，意味着有一个中心区，它是城市的首脑。环线的存在一是便于人们进入这个中心区，二是区分城市地段的级别。一环以内当然是最高的，二环次之，三环又次之。北京城现在多达六环，环线的总长度达到431.3公里。

在中国，差不多每一个中等以上城市都有几条外环线。环线的存在，意味着城市是一个围城。围城不一定是工业社会的产物，却与集权制政治有着千丝万缕的联系。它俨然是过去王城的扩大或翻版。

这种城市格局的问题主要在公共资源的配置上，因为城市重要的公共资源配置是以从中心向外逐步减少的。生活在城市中心区的人们享受到的城市公共资源比较的多，也比较的好，这样，人们就尽量地向市中心区涌。选择住房，首选市中心区，因而市中心区的房价最贵。在某种程度上，离中心城区远近成了评断人们生活地位的一根标尺了。诸多的北京人以居住在三环以内为自豪，这是中国城市化独有的一种现象，西方国家的城市似乎没有，他们的有钱人倒是更乐意住在城外的。

尽管这种模式弊病丛生,但中国的城市化目前仍然在按照这种模式在进行着,似乎除了这种模式别无选择。那么,能不能换一种思路呢? 对现在这种城市模式如何做必要的解构呢?

(一)解构"城市"概念。城市这一概念是与乡村相对立的。在现代社会,城乡差别在缩小,并趋向消失。先进的国家,已经没有了乡村与城市的区别,所有的乡村均成为了城市,只是城市有大有小。既然城乡的差别不存在,或将不存在,有什么必要坚持城市这一概念呢?

(二)解构全能城市。全能城市垄断众多的社会资源:政治的、经济的、文化的、教育的……城市按其行政级别不仅是所管辖区域的政治中心,而且还是所管辖区域的经济中心、文化中心、教育中心。这样的城市由于集许多中心于一体,谋求不同利益的人们均向其涌去,自然造成城市巨大的生活压力,严重影响人们的生活质量。

城市的功能不宜太集中。美国的首都华盛顿只是全国的政治中心,由于只是一个中心,这个城市也就建得不大。虽然城区不大,人口不多,生活质量却是绝对的一流,而且正是因为它城区不大,人口不多,也才能将生活质量建设成绝对的一流。美国的亚拉巴马州首府蒙哥马利是一个历史文化名城,极清幽,也极美丽。然而如果就经济来说,它远不如这个州内另一个城市伯明翰繁荣,但这一点也没有因此影响到它的魅力。各个城市,各有其美,互不攀比,因为各有特色,各有功能。

（三）解构城市等级。中国现在的城市不仅有大小之别，经济发达与不发达之别，还有行政等级之别，而且这个"别"是最为重要的。城市的级别决定着城市从中央所获得资源的多少，毫无理由地制造着城市之间诸多的不公平。笔者主张将城市的级别去掉，城市之间只存在互利的关系，它们在获取中央资源上机会是均等的。

（四）解构街道意识。讲到城市，首先联想到的是街道。人们常去的店铺、机构均排在街道两边，这样，便于人们寻找，也便于一次办很多事。街道也有缺点，街道最大的缺点是造成交通紧张——塞车。古时没有汽车，街道是让人步行的，现在主要用来走车，自然不适应。中国城市塞车之严重也许为世界之冠。能不能不将城市规划成一条条的街道而是规划成一个个专业性较强的小区？做某类事，就到那个小区去，比如，这是娱乐区，你来这里，就是玩，有各种不同的玩，可以挑选。这里有商店，但只是为娱乐服务的商店，像建筑材料亦或高档电子产品，也许在这里就不能购到。这样，是不是一次出门办不了很多事了呢？也未必，因为城市的交通十分方便。由于人们不必挤在一条街上，塞车的现象自然没有，办事的效率提高了。

当然，功能分区只是城市规划的一种形式，并不能完全代替街道。街道作为步行购物的场所，有它特有的魅力，不过，这种魅力也许主要不是购物，而是休闲。

（五）解构中心市区概念。中心的意义是多种的，有空间上的，也有功能上的。市中心通常综合二者，而以功能为主。所谓中心区，不同的社会是不同的，中世纪，在欧洲一般是教会所在地；王权兴起的时候，一般是王宫所在地。工业社会，又将银行区、大商店所在地做成中心区。我认为，现在城建应淡化中心区，而强调多功能区。一个城市，有商业区，也有文化区、教育区、行政区、名胜区、景观区……这些区中，是不是有一个是中心呢？我认为，不必。它们都是重要的，在建设上不再重此轻彼而能各具特色，这个城市就显得疏朗有致且张弛有度了。

西安一条街

　　由于中国城市基本上是按照等级来设置的，形象的比喻为"众星拱月"式。不只一个月，有诸多大大小小的月。首都是最大的月，诸省会城市是它的星；省会城市是次等的月，诸地市级城市是它的星；地市级城市是再次等的月，诸县级城市是它的星……我们现在要做的就是要从根本上解构这种"众星拱月"式的城市化模式而建立起"繁星满天"的模式。

城市与行政不是一回事，没有必要将城市规模与行政地位联系起来。

## 第四节　尝试城乡互动模式

中国目前的城市化可以分成两个方面：一是城市规模的扩张化；二是农村的城市化。这两化笔者认为都有问题。城市规模的扩张化，亦如上面所言，城市人口越来越多，城市占地越来越大，于是交通越来越紧张，污染越来越严重，生活越来越不方便。农村城市化就是将农村改造成城市，由小镇到小城市，由小城市到大城市。

这种模式是工业社会的模式，在后工业社会的今天它的弊病已经暴露出来，且性质越来越严重。我们难道还要走这样的城市化道路吗？

笔者在上面提出要解构"城市"这一概念，这城市是指传统的城市，如果觉得城市这一概念还宜保留的话，那就要做新的解释。笔者认为，城市化的正确理解应该是"三化"：居住科学化，文明化，审美化。我们所居住的地区像不像传统的城市不重要，重要的是居住的环境是生态的，文明的，美丽的，在这环境中生活和工作是很方便的，能创造价值的，心情是愉悦的。

按照这种理念，笔者认为，在居住科学化、文明化、审美化方面，城乡各有其优点，亦各有其缺点，应相互学习，取长补短。就某种意义来说，就是城市乡镇化，乡村城市化。

就城市这一面言，所谓的城市乡镇化主要有这样几个方面：

一、建构社区群落的概念。现在讲的社区是人们生活的一个小区，我们这里讲的社区，实际上是小镇。现在的城市普遍偏大，功能偏全，所谓建构社区群落概念，就是将大城市解构为若干个社区，社区与社区之间最好不联成一片，而用树林、山坡、河流适当隔开。这些社区是否需要建出纵横的街道来，不一定，看需要而定。美国、欧洲就有这样的社区，这样的社区它们没有街道，屋宇松散，但能成为一个社区，它们完全符合居住科学化、文明化、审美化标准。这样的社区有点像农村了。

当然，基于城市功能的丰富性、综合性，不宜将城市全解构成社区，它还应该有传统的闹市区，有步行街，只是城市的构成丰富了，用街道来组织的生活区域是城市，不用街道来组织的生活区域也可以称之为城市。

二、让自然更多地进入城市。拥有较多的自然是农村优于城市的地方。城市乡镇化就是要让更多的自然风景进入城市。给自然更多的优待。其中，自然地形要得到充分尊重，森林面积要有一定的保证。

三、让部分农村功能及景观进入城市。比如，能不能在城市中辟出小块农业区从事一些不影响城市环境的农业生产，比如筑一些农田或建一些温室种适合的水果、蔬菜。也可以挖一些池塘，塘中养鱼、植荷。这夹在城市中的小块农村，具有多种意义：一是清除工业污染，净化城市环境，修复城市自然生态；二是丰富并美化城市环境，增加城市风情；三是可供城市中小学生参观学习，知道农业生产是怎么一回事；四是可以组织小规模的市内农业旅游。当然在城市中从事农业生产，是特别需要科学指导的，必须做好规划，必须防止新污染。

对于乡村来说，它的城市化主要为文明化，即接受城市先进的生活设施与先进的生活理念。城市化的进程中，如果城市能吸收农村的优点，拥有更多的自然，有更好的生态，而农村能有城市那样优越的生活设施，农民的生活习惯能像城市人一样的文明，那么，我们的生活环境就会变得更美好。因此，城市化实际上是城市与农村的双向化。这种双向化是双向的优化，即城市取农村的自然亲和性，农村取城市的现代文明性。

乡村的城市化千万不能走城市的老路，将农舍做适当的调整、适当的集中是必要的，但千万不要将农村建成城市。农舍对于农民来说，它具有多种功能，既是生活的场所，又是工作的场所，还是仓库，因此，它不能建成市民用的公寓。由于农业劳动的特点，农舍最好不要离开农田或养殖场太远。总之，农村有它的特点，必须根据实际需要予以尊重与保持。

反思一下我们中国的城市化，城市是越来越多了，也越来越大了，但是，的确是越来越不适合人居住了。上海世博会的口号"城市让生活更美好"。是不是这样呢？至少在中国，现实还不是这样，它只是我们努力的方向。改革开放这些年，我们取得了巨大的成绩，经济得到了巨大的发展，人民的生活也得到了很大的改善，但无可否认，我们也付出了巨大的代价，代价之一就是环境遭到了一定的破坏。现在，我们必须将环境的问题提到突出地位上来。一方面，让污染得到根本的控制,让环境的生态质量有根本的改善;另一方面,则需要加强环境的建设,让我们的城市更趋向人性化、生活化、美学化,只有这样,我们的生活才会更美好。

## 附录:"艺术能够拯救地球"
### ——美国艺术家帕特丽夏·约翰松的环境工程

　　帕特丽夏·约翰松是美国当代一位卓越的艺术家,她原来从事纯艺术创作,后来转为公共艺术。四十年来,她与城市规划师、建筑师、生态科学家及其他各种职业工作者一起合作,成功地做过许多重要的大型环境工程,在世界享有很高的声誉。帕特丽夏·约翰松的环境工程最突出的特点是将生态与人文、功能与审美统一起来,她做的工程既是工程,又是景观。帕特丽夏·约翰松很有思想,但她并不长于著作,她的思想体现在她的作品中,当然也体现在她在从事创作时所作的笔记之中。2004 年,帕特丽夏·约翰松来武汉,参加我主持的"美与当代生活方式国际学术研讨会"。当时我正在主编"环境美学译丛",在国际著名的环境美学家阿诺德·柏林特的推荐下,此套丛书收入加拿大学者卡菲·凯丽写的《艺术与生存——帕特丽夏·约翰松的环境工程》一书,这本书初步介绍了帕特丽夏·约翰松的环境工程。全书七章,分别为:艺术与生存、为自然世界的艺术、与时变幻的艺术、作为艺术品的世界、功能性的景观、灵动的思维、一个艺术家的生活。这里,我主要从环境美学的视角,对帕特丽夏·约翰松的环境工程做一个简单的评介。

## 一、生态与人文的统一

生态问题是当代社会的主要问题之一,它严重威胁到人类的生存。然则人类要发展,又不能不发展经济,发展文化,从事各种在某种程度上破坏生态的文化创造。生态与文化简直是天敌,要生态就不能有文化,要文化就不能有生态。然而,它们就不能统一起来? 也能。理论上,上个世纪就有科学家建立了人文生态学,并且也有了生态文明的提法。然而,实践上的难度远非理论上的论述可比。各项从事实际工作的人们都在小心翼翼地探索着两者的统一。约翰松作为公共艺术专家也是这样。泻湖游乐公园是她的代表性工程。

泻湖是美国德克萨斯州达拉斯市的一个湖,它位于市中心,湖面与五个街区接壤。其地位十分重要,可惜,此湖已经严重污染,蓝藻盖满湖面,一片可怕的墨绿色;鱼虾几乎死绝,炎热天气,湖面喷发出臭气。此湖已经失去其景观的功能,无美可言,湖岸蚀损十分严重,直接影响到市民在湖岸的行走。市政府决心治污,同时也计划在清污的同时,将此湖建设成一个游乐公园。

约翰松提出一系列的设想:"其中包括:为各种动植物创建一个正常运转的生态系统,控制堤岸的侵蚀,修建道路。"这里,显然主要出于生态的考虑,为此,她调查不同的动物对食物与栖息地的要求,还考虑到哪些水生植物能招引来诸如像天鹅、野雁这样野生的动物。也就是说,她需要在这里建设一个良性的生物链,一个全方位的、立体的生命空间。比如水中植物,她既要考虑扎根到水中的植物,又要考虑到水面的浮游植物,让它们共生共荣。她这样做了,有效地改良了生态环境，改善了水质。

她慎用非自然的建筑材料，尽量用自然本身来达到她想达到的目的，比如，她利用植物的根、茎、叶来稳固堤岸，既环保，又美观。

依据于泻湖所在的地理条件、达拉斯市的历史文化背景，约翰松在改善生态的同时，也着手艺术的创造。她以本地植物为摹本，在湖面做了许多艺术造型，它们有鸭状马铃薯、慈姑菌和德克萨斯蕨。色彩上，她选用桔红色，让这种颜色与碧绿的水面还有植物构成互补色，相得益彰。这些艺术造型充当三种角色：一、供人在水面上行走的道路和桥梁；二、各种野生动物如乌龟、水鸟的休闲地和水中植物的攀缘物；三、地地道道的艺术品。三种角色分别为功能、生态和艺术。整个公园风格别致、活泼，充满生命的欢乐情调，成为名副其实的游乐园。

约翰松这样阐述她的设计理念：

位于达拉斯的泻湖游乐公园设计于 1981 年，为了寻求审美形式、实用设施与自然生态三者之间的统一，在公园里，每个要素都是更大的复杂系统的组成部分。这种造型形式可以防止堤岸遭受侵蚀，充作水上道路和桥梁，还可以为各种植物、鱼类、海龟和鸟类创造各种微生境。这里所有的动植物转而成为达拉斯自然博物馆天然的教育展品，而且，它们可以改善水质，并且作为食物链的一个组成部分而周而复始地存在。五个街区长的整个泻湖同时也是市区的一个泄洪湖,因此,大家所熟悉的形状和观光路线,因为水位的变动而常常变动。泻湖游乐公园提供了一个既具观赏性、又具有一定功能的框架,在这个框架结构内,生态群落可以不断演化,复杂的生命可以繁衍生息,人类的创造亦将继续下去。①

约翰松的环境工程,显然具有多元统一性,它最大的成功是将生态与人文实现了高度的统一,人文中包括艺术、审美、教育、观光等。让生态价值派生出人文价值,然则这生态却又是人文的产物。

泻湖公园,湖中的小路用的是当地的蕨类植物造型

————————————

① [加]卡菲·凯丽:《艺术与生存》,湖南科学技术出版社2006年版,第21页。

## 二、功能与景观的统一

功能在这里主要是物质实用功能，它是通过人的生产活动，通过工程来实现的。这些工程，一般是不被看作景观的，也就是说，它们与美搭不上边。约翰松却不这样看。她认为功能与景观的统一其实是有先例可循的，比如，米瓦人为了诱猎鸭子，在水面上放上几只木鸭，并模仿鸭子的叫声。当真鸭误以为同类在呼唤成群而来的时候，那情景十分壮观。米瓦人捕鱼用的是一种鱼梁，那是用树桩、柳条、草茎编织成的一个篮子，将它投入河水之中。当鱼儿误入鱼梁乱碰乱撞寻找出路时，那漂亮的鱼梁与漂亮的鱼儿在阳光下相映照，情景同样是十分壮观的。

约翰松试图要说的是，功能与审美的统一其实并没有那样难。将约翰松说的这种现象再往前推，可以推到原始人类。原始人类的生产活动总是跟舞蹈、游戏、巫术联系在一起，而且他们的生产工具，出于巫术的需要，也要绘上一定的图案，因此，这种生产活动其实也包含有审美的因素。这种情况一直延续到文明时代，只是其审美成分逐渐淡化了。

直到工业社会以前，生产与艺术还没有分家，生产与艺术的分家应该是工业社会的产物，工业生产主要用机器生产，机器生产效率是高的，形象有些难看。与之相应，那些有着高效率的工程，其形象也是欠佳的。

能不能让工程既具有高效率同时又具有高审美，化工程为景观呢？约翰松早在四十年前就开始探索了，那时她在本宁顿艺术学院读书，还是二十来岁的少女。1969 年她在为《花园和房屋设计》杂志做研究工作时，将兴趣就转移到功能性景观上来。她深入研究历史上将功能与审美结合得很成功的工程,如罗马供水渠、印加灌渠等,深受启发,她将这些工程称之为"生存艺术"。她写道:"生存艺术——那种只提供饮用水、食品和防洪设施的体系——已经创造出世界上最美丽的花园。"①受这些工程的启发,她开始尝试将城市中的诸多工程改造成花园,它在为《花园和房屋设计》杂志所做的构图《市政供水构图:水渠》中,提议建造一个公共景观,既为处理污水,又为野生动植物提供栖息地,同时还为游人提供一处观光之所,实际上是功能、生态和审美三统一的工程,亦即她说的"生存艺术"。令人感到遗憾的是,她的这一设计在当时并没有投入实践。不过,功能、生态和审美三统一的设计理想在她头脑中树立了。

三十年后,她的设计理想,终于得到一个可以实现的机会。那个时候,她获准设计加利福尼亚州帕特鲁玛市一个大型污水处理工程。

虽然设计理念早已胸有成竹,但设计方案仍然煞费苦心。约翰松讲述她灵感的来源。她来到特鲁玛市污水处理工程的工地,顺着破败的大堤往前走。堤外是大海,海风吹拂,潮水袭来,风景真是美极了。过了几天,她再次考察工地,潮水已经退走了,海滩上,小鸟在淤泥上觅食。顿时,她感到这片广漠的海滩其实是充满着生命活力的,无论澎湃的海潮还是轻灵的小鸟,都通人性,都极美。当时,她就想,这

① [加]卡菲·凯丽:《艺术与生存》,湖南科学技术出版社 2006 年版,第86页。

片海滩对于这个城市太重要了，不能没有它，于是她就考虑将这片海滩设计成湿地，而污水处理工程与这片海滩融为一体。

这实在是一个大胆的想法，极具创意的想法！约翰松卓越地将这个污水处理工程做成了一个美丽的海滩湿地公园。公园占地面积 272 英亩。这个公园内，具有处理污水功能的水池成为了观光池；原来就有的湿地也承担了污水过滤的功能。当然，湿地原有的生态功能没有变，它是各种动植物的乐园，同时又是一道鲜丽的自然景观，可供人欣赏。

从艺术角度，约翰松为这个湿地公园设计了一个统一性的形象："盐泽巢鼠。"

约翰松这样陈述自己的艺术构思：

作为一个设计者，我对于在更大自然模式和目标之中满足人类的需求一直很有兴趣。在帕特鲁玛，艺术与基础设施，生态自然与公共景观，统一于这片区域的最小居民——"盐泽巢鼠"的形象之中。超过三英里长的公共小径与解说点描绘了生物的类型，同时也展示了污水处理、潮汐循环、陆地和水面的不断变换、微生境与生态系统之间的复杂关系等错综复杂的情形。

在湿地的中心地带，四个狭道被提升的、占地面积达 30 英亩的池塘构成巢鼠图案。在每个污水处理池中的栖息岛为鸟类提供受保护的营巢区和避难所，同时，也导引着洼地中水流的方向。宽阔的"绿色"植物带与开阔的"蓝色"深水带(掠食性鱼类栖息地)交相辉映,进一步提升了污水处理厂的美感。在这些绿色地带中,悬浮颗粒为附生在植物上的微小水生动物与昆虫提供了食物,与此同时,这些植物将氧气输送到它们淹没在水下的茎、根和块茎中,以此提供给腐生物。

和海岸线一样,为了吸引更多的生物,每个净化池内的小岛上的植被和地基都不一样。巢鼠池塘(净化湿地内第四个净化池)为鸟类(如黑颈长脚鹬、美洲反嘴鹬与弗氏燕鸥等)在此筑巢提供了荒岛,为它们搜寻食物提供了海滩、食物和栖居林。在老鼠的一只"耳朵"里,一个葡萄架下隐藏着独立的隐蔽观察点,它们主要用来观察潮间带、栖息岛和艾利斯河。在另一只"耳朵"里面,圆形剧场的座位形成了一个小型聚会场所,巢鼠的鼻子变成了观景台,让人们观察植被密集的污水净化湿地、泵站和通往特鲁河的广阔沼泽……

帕特鲁玛湿地公园把巨大的人工景观组合在一起,生产食物、处理污水、净化水质,具有多重社会和生态效益——从野生动物栖息地的恢复和学校教育计划到娱乐、旅游与艺术。或许更重要的是,它成了一个将污水转化为饮用水的样板。①

---

① [加]卡菲·凯丽:《艺术与生存》,湖南科学技术出版社 2006 年版,第 88、90 页。

通过她的描绘我们基本上能想象这个湿地公园的样子。这里有几个要点是值得注意的：

第一，统一形象的选择：作为公园，作为艺术品，它是需要一个居于主导地位的统一形象的。在这个公园，根据当地的地理与文化，约翰松选取了"巢鼠"。这一形象的选取无疑是恰当的，也是别出心裁的，因而是成功的。

第二，工程与景观合一：力求恰到好处，自然，贴切。"巢鼠"池两只耳朵的设计堪称匠心。

第三，众多效益的统一：效益包括污水处理、生态教育、旅游观光和艺术创造等。效益很多，但不分散，往往是一身兼有几用。

帕特鲁玛污水处理工程取得了巨大的成功。在这一工程身上实现了约翰松少女时代的设计理想：功能、生态和审美的统一。

以后，约翰松做了一系列同样成功的工程设计，其中包括首尔垃圾填埋场。故事具有戏剧性。约翰松说，她其实早在1969年就做了一个由有机垃圾构成的垃圾公园的设计，那时也只是一个练习——异想天开的练习，并没有投入实施。没有想到，三十年后，韩国政府真会请她为首尔设计一个垃圾填埋场。

约翰松回忆当时的情景："我们被带到填埋场，登上顶部，差点被难闻的沼气薰晕了。"她意识到没有什么设计方法可以隐藏这座垃圾山，于是她设想把它变成一个供人们娱乐及野生动物栖息的公园。她当即对陪同她考察的韩国主人说："不错，这是个填埋场，但它们也是你们这个城市最壮观的瞭望台,顺着斜坡建些台阶,把填埋场固定下来,在整个山上修出人行道。"

在这个后来命名为千禧公园的垃圾填埋场,约翰松创造了优秀的景观。千禧公园的统一形象是一只神兽(haetae)。这个神兽类似于狮子的形象,朝鲜李朝王朝时,采用了很多的辟邪兽。约翰松为这个垃圾填埋场制作了这样的形象:

> haetae 上面的纹饰通常类似于韩国传统的梯形水田,同样的梯田对于稳固垃圾填埋场的边坡,以及在一个庞大的地块中创造更小的微生环境都是必不可少的。这些梯形平面不仅确定了动物的形象,还可以充当旅行通道、阶梯、瞭望台以及通往两座相似山峰的车道,而这相似的双峰被一个广阔的、在垃圾倾泻过程中形成的中央谷分隔开来。[1]

按约翰松的说法,这形象一制作出来,使它后面的山岭、下面的汉江还有高速公路相形失色。

工程可以艺术化,同样,艺术也可以工程化。纯艺术只能放在画厅中让人欣赏,而且也不产生改善环境的效益,而置于室外的那些艺术就不一样了,它是艺术,也是工程。艺术只给人们带来精神效益,而工程不仅给人带来精神效益,更重要的是给人们带来物质利益。两个效益的实现基于工程与艺术的统一。

---

[1] [加]卡菲·凯丽:《艺术与生存》,湖南科学技术出版社 2006 年版,第 94 页。

约翰松成功的环境工程实践也许代表了当今审美的一大潮流：工程艺术化，艺术工程化。

### 三、自然与艺术的统一

约翰松在谈到自己的环境工程设计时，说："在我的设计中，最重要的是我没有设计的部分。"[1]所谓"没有设计的部分"就是自然的部分，约翰松总是千方百计地将自然纳入她的作品，对于她的这种想法，雕刻家戴维·史密斯提出质疑，他认为，雕刻是不能水平延伸的，对于史密斯的质疑，约翰松用自己艺术创作实践来回应。她在纽约做了一个景观，名为《威廉·拉什》，这是一条长达 200 英尺的 T 形建筑，表层涂上棕红色，将它放置在一座森林里。约翰松描绘作品的景观："很快，树木脱落的碎片掉落在造型上，形成不同的图案。在那上面，你会看到一只蚱蜢、青蛙或一条盘踞在那里的蛇。"[2]

这样的景观显然是人工与自然共同创造的，虽然人造的 T 形建筑是静止的，但是，自然界在变化，每时每刻都在变化。早上，霞光照射在 T 形物上是一种景观，太阳全出来了，阳光透过树叶照射在 T 形物上又是另一种景观。春天，树林里充满生机，杂花点点，芳草萋萋，是一种景观；冬天，树林里一片沉寂，白雪皑皑，枯枝横陈，那又是一种景观。这里，阳光的变化创造出无穷无尽的奇异的效果。"由于光线顺着边

---

① ［加］卡菲·凯丽：《艺术与生存》，湖南科学技术出版社 2006 年版，第 16 页。
② 同上书，第 44 页。

威廉·拉什

沿交叉混合,光谱有时能全部呈现出来。自然光线颜色的改变,使那些漆饰的色彩也经常发生变化。例如,日落时分,红光落在造型上,蓝色的条纹就变成紫罗兰色,黄色的条纹则转为橘黄色。"①"有人想对它清扫维护,但约翰松却被大自然与造型之间的互动所震撼。她开始在探索中创作一种活动艺术——它随时间的变换而生长变化,由自然界对其塑造、美化——以替代那种在理想状态下被维护的艺术。这种自然的模式和进程——光线、天气和季节的短暂影响,生长腐朽的过程,成为她设计中不可或缺的部分。"②

约翰松将自然纳入自己的作品的同时,极力地想改变空间艺术的静止感,想将时间的要素纳入进来。这里,音乐的素养给了她极大的帮助。

---

① [加]卡菲·凯丽:《艺术与生存》,湖南科学技术出版社 2006 年版,第 45 页。
② 同上书,第44页。

1985 年,她为"菲利普·格拉斯的草蛇"的城市公园设计了一个方案。这个作品里有许多重叠的图案,随着时间、空间的变化而变化。"冰雪飘零时,色彩被遮盖起来,一朵冰雕玉琢的花朵就绽放开来。冰雪消融时,扁平的蛇状装饰图案也随之显现出来了。"①

约翰松说,对于这种重叠的图案,要想一睹全貌,需要一个时间的过程,这好像听音乐一样。听了开头,你不会知道,只有直到全部乐曲听完,才有一个完整的印象。这种对环境艺术的欣赏实际上也就是对自然的欣赏。自然是在时空中展现的,同样,自然美也是在时空中展现的。由于环境艺术多为造型艺术,很少有艺术家考虑到它与时间的关系,也很少有艺术家将它与自然整合起来。约翰松在这方面的创造极大地开拓了环境艺术的视野。

约翰松充分吸纳自然景观入艺术,相应地,就必然会尽量地减少人为的介入,让作品留下更多的审美创造的空间。实际上,这不只是尊重自然,尊重艺术,也是尊重欣赏者的体现。

约翰松曾经为巴西的亚马逊雨林做了一个景观工程。造型像一只凤梨,150 英尺高,一个足球场大。这个景观是通透式的,分成若干层次。游客缘着造型向上攀升,可以领略不同层次的热带雨林的景致,可以观赏到在正常情况下不能观赏到的动植物的生态过程。约翰松说:

---

① ［加］卡菲·凯丽:《艺术与生存》,湖南科学技术出版社 2006 年版,第 40 页。

你会先在地面上看到凯门鳄、水豚（世界上最大的啮齿动物）、南美的切叶蚁、狼蛛、巨大的鬣蜥（一种产于南美洲和西印度洋群岛的大蜥蜴）和许多爬行类动物。在高一些的树上，你会遇到亮色的毒镖蛙、大闪蝶——与许多较小的、具有鲜艳图案的昆虫相比，它们巨大，发出紫蓝色的光。

兰花、凤梨、吊藤和结满各色的水果、干果的花树遍地皆是。很快，成群结队的猴子出现了。它们好奇心极强。你要是摘了一些果实或叶子，它们会跳到你的肩膀上，抠开你的手指，将东西抢走。在森林最高处附近，巢冠树林形成了篮筐状鸟巢，贪婪的老鹰、金刚鹦鹉，还有树獭也生活在这个天篷中。①

景观是相当迷人的，实际上，凤梨形的通透式建筑只是为游人建筑了赏景的通道和观景的平台，当然，它是艺术品。与一般的艺术品之不同，它的美不只在其自身，还在自然景观上，这个艺术品的功能有些类似一个画框，画框将自然景观纳入框内，使之成为人们关注的对象。与框不同的是，这凤梨形通透式建筑还起到了很好组织景观的作用。仅就它作为孤立的艺术品来看，这凤梨形的建筑与周围的自然景观也是和谐的。总起来说，这个作品的成功就在于它融入了自然。

---

① ［加］卡菲·凯丽：《艺术与生存》，湖南科学技术出版社 2006 年版，第52页。

　　为了增加游人的真实感,约翰松有意识地在这一作品中增加一些危险的因素,以增加审美情趣,但安全是完全没有问题的。她说:"我永远不会设计一个危险的公园,安全总是首先要考虑的问题。"①

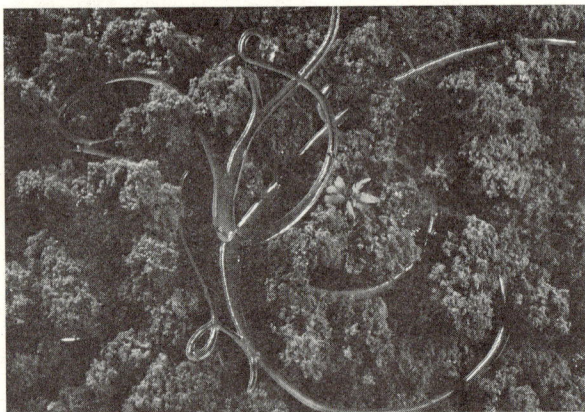

约翰松为巴西的亚马逊雨林做的景观工程

　　约翰松是一位具有人文主义关怀的艺术家,然而她又是一位具有生态主义意识的艺术家。她将人文主义与生态主义结合起来,她认为,地球是我们人类的家,也是诸多动物植物的家。人类要想在这个地球上很好地生存,就要兼顾动植物的生存权利,因为它们也是地球的主人。恰如卡菲·凯丽在《艺术与生存》一书中所说:"约翰松的工程寻求的是把家的感觉带回到我们的栖居之所。"②

　　"家的感觉"正是我们对环境的感觉。环境是我们的家。

---

① [加]卡菲·凯丽:《艺术与生存》,湖南科学技术出版社 2006 年版,第50页。
② 同上书,第16页。

以爱家的态度来爱环境,我们的环境就会变得越来越美好。

约翰松是一位有着高度人类责任感的艺术家,她自觉地将她的艺术成为实现人文主义关怀和生态主义关怀的工具。她说,"她一直认为艺术可以拯救地球"①。

"艺术可以拯救地球",这是一个非常深刻的哲学命题!

是的,艺术可以拯救地球,但是,这艺术必须是人文主义与生态主义相结合的艺术。而且,这艺术不是挂在客厅里只是作为观照的艺术,而是人类的一切创造性的实践活动。这活动,既是功能的,也是生态的,同时也是审美的。这种实践性活动既是人类保护环境也建设环境、利用自然也美化自然的工程,也是人类最为伟大、最为崇高也最具有哲学品位的艺术。当人类整体认识到这一点时,应该说,这种艺术是完全可以拯救地球的。

原刊《艺术百家》2011年第3期

---

① [加]卡菲·凯丽:《艺术与生存》,湖南科学技术出版社2006年版,第2页。

# 教育部哲学社会科学研究普及读物书目
## （有＊者为已出书目）

**2012 年度**

《马克思主义大众化解析》 陈占安

＊《思想的薪火：马克思主义的历史命运》 陈锡喜

《为什么我们还需要马克思主义——回答关于马克思主义的 10 个疑问》 陈学明

《党的建设科学化》 丁俊萍

《〈实践论〉浅释》 陶德麟

《大学生理论热点面对面》 韩振峰

＊《大学生诚信读本》 黄蓉生

《改变世界的哲学——历史唯物主义新释》 王南湜

《哲学与人生——哲学就在你身边》 杨耕

＊《人的精神家园》 孙正聿

＊《社会主义现代化读本》 洪银兴

《中国特色社会主义简明读本》 秦宣

《中国工业化历程简明读本》 温铁军

《中国经济还能再来 30 年快速增长吗》 黄泰岩

《如何读懂中国经济指标》 殷德生

＊《经济低碳化》 厉以宁 傅帅雄 尹俊

《图解中国市场》 马龙龙

《文化产业通俗读本》 蔡尚伟

＊《税收那些事儿》 谷成

＊《汇率原理与人民币汇率读本》 姜波克

＊《辉煌的中华法制文明》 张晋藩

《数说经济与社会》 袁卫

＊《品味社会学》 郑杭生

＊《法律经济学趣谈》 史晋川

《知识产权通识读本》 吴汉东

《文化中国》 杨海文

《中国优秀礼仪文化》 李荣建

《中国管理智慧》 苏勇

《微博时代的舆情管理——领导干部通俗读本》 喻国明

*《中国外交十难题》 王逸舟

《中华优秀传统文化核心理念故事新编》 张岂之

《敦煌文化》 项楚

*《秘境探古——西藏文物考古新发现之旅》 霍巍

《民族精神——文化的基因和民族的灵魂》 欧阳康

《共和国文学的经典记忆》 张文东

《中国传统政治文化讲录》 徐大同

*《诗意人生》 莫砺锋

《当代中国文化诊断》 俞吾金

*《汉字史画》 谢思全

*《"四大奇书"话题》 陈洪

*《生活中的生态文明》 张劲松

《什么是科学》 吴国盛

*《中国强——我们必须做的100件小事》 王会

*《我们的家园:环境美学谈》 陈望衡

《谈谈审美活动》 童庆炳

《快乐阅读》 沈德立

《让学习伴随终身》 郝克明

《与青少年谈幸福成长》 韩震

*《教育与人生》 顾明远

*《师魂——教师大计师德为本》 林崇德

《现代终身教育理论与中国教育发展》 潘懋元

*《 我们离教育强国有多远》 袁振国

《通俗教育经济学》 范先佐

《任重道远:中国高等教育发展之路》 李元元

**2013 年度**

《中国国情读本》 胡鞍钢

《法律解释学读本》 王利明

《中国特色社会主义经济学纵横谈》 顾海良

《走向社会主义市场经济》 逄锦聚

《走中国自己的政治发展道路》 梅荣政

《什么是科学的经济发展——基本理论与中国经验》 谭崇台

《"中国奇迹"探源——中国特色社会主义经济理论研究》 洪远朋

《明价值·执信念·厚躬行——社会主义核心价值观的"内省"与"外化"》　黄进

《什么是马克思主义,怎样对待马克思主义——马克思主义观纵横谈》　高奇

《中国特色社会主义"五位一体"总布局研究》　郭建宁

《国际社会保障全景图》　丛树海

《社会保障理论与政策解析》　郑功成

《从封建到现代——五百年西方政治形态变迁》　钱乘旦

《GDP 的科学性和实际价值在哪里》　赵彦云

《社会学通识教育读本》　李强

《传情和达意——语言怎样表达意义》　沈阳

《生活质量研究读本》　周长城

《做幸福的进取者》　黄希庭

《外国文学经典中的人生智慧》　刘建军

《什么样的教育能让人民满意》　石中英

《正说科举》　刘海峰

**2014 年度**

《"中国梦"的民族特点和世界意义》　孙利天

《"中国梦"与软实力》　骆郁廷

《走进世纪伟人毛泽东的哲学王国》　周向军

《社会主义核心价值观与我们的生活》　吴向东

《中国反腐败新观察》　赵秉志

《中国居民消费——阐释、现实、展望》　王裕国

《从公司治理到国家治理》　李维安

《"阿拉伯革命"的热点追踪》　朱威烈

《中国制造的全球布局》　刘元春

《从小康走向富裕》　黄卫平

《中国人口老龄化与老龄问题》　杜鹏

《重塑中国经济版图:区域发展战略与区域协同发展》　周立群

《钓鱼岛归属真相——谎言揭秘(以证据链的图为主)》　刘江永

《走入诚信社会》　阎孟伟

＊《美国霸权版"中国威胁"谰言的前世与今生》　陈安

《如何认识藏族及其文化》　石硕

《中国故事的文化软实力》　王一川

《文化遗产的古与今》　高策

《课堂的革命》　钟启泉

《大学的常识》　邬大光

《识字与写字》　王宁